搞什麼行銷

152個商戰關鍵報告

劉燁◎著

The Powerful Marketing

楔子

銷售，即把商品賣出去，以期獲得商品的價值。然而，在銷售這一過程中，如果不得其法，就有可能使一個企業陷入癱瘓的地步。那麼如何才能在銷售過程中做到處變不驚、遊刃有餘，已成為商家探討的焦點之一。因此，市面上有關銷售技巧方面的書籍，鋪天蓋地地蜂擁而至。但細細品味後，才發覺它們大都是一些理論性很強的說教系列，實用性、可操作性比較低。本書精選和總結了全球經典成功銷售技巧。它們從生活中來，又將回到生活中去，其中有的是銷售的前期醞釀，有的是銷售的全程策劃，始終圍繞著銷售，親密接觸銷售。

本書集百家之長，揉合成一家之「精華」，結合中國特色，對於商界來說，無疑是不可多得的制勝法寶。

目錄

c o n t e n t s

目錄

contents

目錄

contents

三、行銷手法

好口才廣進財源

區分市場獲取認同感

目錄

contents

目錄

Part 1
廣告

在當今這個以名牌打天下的商業中，名人效益是不可避免的。由此可見，巧用《紅樓夢》的商家是聰明的…

某市糕點廠的產品開發研究人員，針對目前宮廷膳食走俏這一情況，由此受到啓發…

名人名著名牌效應

1. 移花接木，紅樓夢糕點廣受歡迎

在當今這個以名牌打天下的商業中，名人效益是不可避免的。由此可見，巧用《紅樓夢》的商家是聰明的。

某市糕點廠的產品開發研究人員，針對目前宮廷膳食走俏這一情況，由此受到啓發：何不把古典名著《紅樓夢》中描寫過的糕點開發出來？宮廷食品畢竟過於神秘，知之者甚少，而《紅樓夢》可是老幼皆知，影響極其廣泛，借《紅樓夢》的東風，不愁生產出來的糕點不飄香千家萬戶。研究人員立即根據《紅樓夢》中的描寫，生產出了系列「紅樓夢糕點」。有形似通靈寶玉的蜜香果，還有劉姥姥初進大觀園時吃過的松油瓤油餅、小餃兒等。

產品出來後，在中秋佳節前夕，糕點廠邀請了一批著名的紅學專家和食品專家聚集在首都民族文化宮，開了一個「紅樓夢糕點」品嚐會。琳琅滿目的食品，引起了專家們的極大興趣，著名紅學家即席賦詩：「典出紅樓命意新，京華糕點簇嘉辰；慕名應卜傳中外，巧制精研務本質。」果然如這位紅學家預料的那樣，中秋節前「紅樓夢糕點」正

式上市後，立即吸引了大量的顧客，有的顧客為買糕點，寧願在糕品門市排隊等候幾個小時。

《紅樓夢》是中國四大古典名著之一，它不僅是文學寶藏，而且也是商業寶藏。當然，要看你是不是善於掘寶。老幼皆知的名著能在人們心理中形成名牌效應，影響力非凡。借用古人的遺產也能創造出巨大的財富，古風陳跡也能成為經商的金點子。

2. 牽線搭橋，拉攏「渴望」

這線是從內到外的一種橋樑紐帶。所謂借助，無非是以其知名度，去宣揚自己的產品而已。

牽線搭橋是一門藝術。

一九九一年，電視連續劇《渴望》在大陸國內播出後，反響強烈。南方一家服裝廠職工在收看該劇時，注意到劇中人物穿著的T恤衫有自家廠房的產品。他們想，儘管該廠獲國家金獎的T恤衫是國內外市場的搶手貨，但是如果在演員的穿著上做文章，必定是開展公關、提高企業知名度的好機會。於是，廠公關部長立即出擊。

一個新奇的構思一步步確定，並付諸實施。突破就選在演員身上。廠方聘請劇組的其他演員爲該廠的「榮譽職工」。

十一月八日，該服裝廠建廠四十週年慶祝大會暨一九九二年產品供貨會隆重舉行。帷幕徐徐拉開，台上出現了人們早已熟悉的演員，來自全國二十多個省市的數百名代表和全廠職工，頓時報以熱烈的掌聲。這次別開生面的供貨會，讓各地代表讚歎不已，服裝廠產品的訂貨額比上屆供貨會提高了30%。

這家服裝廠藉著這部家喻戶曉，廣受大陸觀眾歡迎的電視劇，爲自己牽線搭橋，來宣傳自己的產品，其做法是十分成功的。一部風靡全國的電視劇與一個蜚聲國內外的服裝企業，有了奇妙的聯繫，並由劇中主角的新穎服飾而掀起產品的銷售高潮，無疑是該品牌T恤衫做了聯繫雙方的紐帶，《渴望》成了企業傳播產品信息的橋樑。

牽線搭橋是一門接待的藝術，也是一門傳播的藝術。現代社會中，各種商品琳琅滿目，交易頻繁，如果不設法使自己優良的產品得到公眾進一步的瞭解，那麼你的產品就會淹沒在紛至沓來的商品大潮中。每一位企業家和公共關係人員都必須認識到，要開拓市場，既要靠產品質量，又要靠宣傳，與公眾溝通聲息，而不能走獨木橋，更要借「他」揚「己」。

3.「宮廷」秘方誘惑大

一家有兩百多年歷史的老飯店，生意一向都很平淡。為了改變落後局面，除提高料理本身的品質與美味外，飯店還採取了獨特的經營方法，終於使這家默默無聞的小飯店成為中外遊客口中的高檔飯店，並享有很高知名度。

原來，飯店經理瞭解到，許多顧客對中國皇帝總有一種神秘的感覺，尤其是外國遊客。對於能品嚐到中國皇帝吃過的飯菜更是感到一種莫大的榮幸。於是，經理決定以「皇族御膳」這個仿膳的特色為核心，展開宣傳活動。為此，他們搜集了許多關於宮廷菜點的傳說，編成一個個有趣的故事，讓餐廳的服務員背下來，在上菜時根據不同顧客、不同場合加以介紹。

一九八四年，美國某市市長在仿膳餐廳舉行答謝宴會。席間，服務員端上一盤點心，彬彬有禮地介紹道：「慈禧太后夜裡夢見肉末燒餅，第二天早上碰巧趕上廚師也為她準備了肉末燒餅，她想到這是吉祥如意的象徵。今天各位吃的就是那種肉末燒餅，願大家今後事事如意，步步吉祥……」她的話引來了一陣陣掌聲。華盛頓市市長高興地敬了這位服務員一杯酒，說：「下次來北京，願再來你們這裡作客。」仿膳餐廳由於抓準了顧客心理，充分發揮了自己的優勢，因而一時知名度大大提高，吸引了一批又一批的中外遊客，營業額直線上升。

4.借「自由女神」揚名

美國運通公司發起的爲修復「自由女神」像籌資的運動，是一項在美國全境範圍內進行的帶有慈善性質的公關銷售活動。

一九八三年的四季度該公司大肆宣揚，說該公司信用卡持有者每購買一次物品，它便捐助一美元給「自由女神」像修復工程，每有一位申請該公司信用卡的新客戶，它便捐助一美元。最後，該公司爲修復工程籌儲了一百七十萬美元的費用，與此同時，使用和申請該公司信用卡的人數也隨之猛增。

由該公司委託對運通信用卡使用者進行的電話調查表明，受調查者全部瞭解這一項廣爲宣傳的推銷活動。其中許多人說，之所以接受運通公司的宣傳，是爲了促進修復女神像和幫助運通公司成全這一「公益事業」。

運通公司用「借屍還魂」計使本來滯銷的信用卡銷路激增。

5.借題發揮名人效應

巴黎城郊有一家飯店，雖有上等美味佳餚，前來用餐者卻寥寥無幾，老闆為此傷透了腦筋。一次，著名音樂指揮家斯托科夫斯基偶然來到這家飯館用餐，老闆大喜，遂用最好的服務和最低的收費款待他。指揮家飯後問道：「你為什麼對我這樣熱情，我又不是付不起錢？」，「我非常熱愛音樂，」老闆大聲說：「為了音樂，我可以犧牲一切。歡迎您一日三次前來用餐。」斯托科夫斯基非常感動地走出飯館，突然發現老闆已不失時機地在櫥窗裡豎起了一塊牌子，上面寫著：「請每天來本餐廳與偉大的音樂家共進早餐、午餐、晚餐」。

只要是「美」的，沒有人不願意享受。經商必須認識到這點。

6.亞蘭德倫風靡日本

一九九四年，曾主演過《蘇洛》，風靡世界的法國電影明星亞蘭德倫首次到日本訪問，這件事引起了日本洛騰口香糖公司經理辛格浩的密切重視。此時，「洛騰口香糖」正值銷售疲軟、資金周轉不靈的時期。辛格浩決定利用這一機會作廣告。經過一番苦思冥想，他派人四處活動，終於邀請亞蘭德倫來廠參觀。

這一天，全廠張燈結綵，一派節日氣氛，公司的首腦人物站在廠門口列隊歡迎亞蘭德倫。在辛格浩的精心安排下，五、六個懷揣小型錄音機的職員充當接待人員，不離亞蘭德倫左右，同時還聘請了攝影師把參觀的全過程都拍攝下來。亞蘭德倫在參觀完配料車間、壓制車間後，來到包裝車間。在車間裡，亞蘭德倫嘗了一塊巧克力口香糖，隨口說了一句：「我沒有想到日本也有這樣棒的巧克力……」這出於客套的一句話卻被欣喜萬分的陪同職員錄了下來。

從當天晚上開始，電視上天天出現一則很惹人注意的廣告：亞蘭德倫笑瞇瞇地嘗了一塊巧克力口香糖，嚼著說道：「我沒想到日本也有這麼棒的巧克力……」這則廣告立即像磁石一樣吸引了日本成千上萬亞蘭德倫的影迷，大家都爭先恐後地購買這種巧克力口香糖。很快，所有商店的洛騰口香糖都賣光了，庫存也一掃而光。

7.讓全美都知道雷根總統的保養秘方

一家公司生產的天然花粉食品「保靈蜜」銷路不暢，公司經理絞盡腦汁：怎樣才能激起消費者對「保靈蜜」的需求熱情呢？怎樣使消費者瞭解和相信「保靈蜜」對身體大有益處？廣告宣傳未必奏效，因爲大家見得多了。

正當公司經理百思而不得其方的時候，該公司負責公共關係工作的一位女職員帶來喜訊：總統雷根長期結交社會上的名人，因此她常常從一些名人望流那裡得到一些非常有價值的訊息。這一次她從雷根總統的女兒那裡，聽到了對自家企業十分有利的信息。

據美國總統雷根的女兒說：「二十多年來，家中冰箱裡的花粉從未間斷過，他喜歡在每天的下午四時吃一次天然花粉食品，長期如此。」

後來，該公司公關部的另一位工作人員，又從雷根總統的助理那裡得來信息：雷根總統在健身方面有自己的秘訣，那就是——吃花粉，多運動，睡眠足。

這家公司在得到上述信息並徵得雷根總統同意後，馬上發動了一個全方位的外交攻勢，讓全美國都知道，美國歷史上年紀最大的總統之所以體格健壯，精力充沛，是因爲常用天然花粉的緣故。結果，全美掀起了吃天然花粉的熱潮。

8. 美國總統布希與中國飛鴿自行車

企業積極發展與名人的關係，巧妙地利用名人的知名度開展商品的推銷工作，這已被大多數企業所認可。一般說來，社會上的名人都有許多的崇拜者，名人的舉手投足、穿著打扮等都是崇拜者追求的目標。同時，名人的活動又具有很大的新聞性，更具宣傳媒介價值。因此，與名人有聯繫的產品常常會有較好的銷路。

在中國利用名人來推銷的最爲成功的一例，要屬於「飛鴿」牌自行車開展的一次活動。一九八九年二月，美國總統布希出訪大陸，有關單位利用外國首腦來訪，接待國在習慣上要贈送禮品給來訪國賓這一慣例，巧妙地做了一次「國際大廣告」。

布希曾就任駐中國聯絡處主任，不少人知道布希夫婦喜歡騎自行車。於是，有關單位就決定送自行車當成國禮。

當中國領導人將兩輛「飛鴿」牌自行車贈送給布希夫婦時，他們非常開心，布希還跨上自行車騎了起來。這個情景被國外一百三十家報紙拍攝下來並做了報導。不久，一些外商專程來天津看樣訂貨；法國一位客商一下子訂了三萬輛飛鴿車。布希總統返美後，也在白宮的草坪上騎飛鴿車，再次成爲美國新聞媒介的焦點。送飛鴿車取得了公關、推銷雙重最佳效益。

9. 希拉蕊夫人與健力寶補給飲料

無獨有偶的，廣東健力寶集團也利用美國總統夫人使自己的產品大出風頭。

那是一九九二年十二月二十日，《紐約時報》刊登了新任總統柯林頓的夫人希拉蕊舉起健力寶飲用的彩色照片，站在希拉蕊身旁的是美國第二夫人——奎爾夫人，與照片同時刊發的是介紹「健力寶」的文章。這不但是健力寶魅力的展示，也是健力寶「外交」風格的體現。對於任何一種飲料來說，這都是一個極大的成功。

照片攝於一九九二年十月一日，那天晚上，柯林頓的助選大會在紐約港灣的一條豪華遊艇上舉行。在大會開始前兩個小時，健力寶美國有限公司總經理林齊曙就和公司工作人員一起到了碼頭，他們帶去的不僅是對競選的熱情，還帶去了「健力寶」與照相機，還有就是「外交」事務所需要的耐心與細心。他們通過了嚴密的檢查，然後在遊艇上詳細勘察了將要到會的希拉蕊夫人所經過的路線，確定了希拉蕊夫人可能停留的位置，並選定了拍攝角度。

晚上六點三十分，希拉蕊夫人和奎爾夫人在大批保安人員的簇擁下登上了遊艇，按照慣例，他們首先來到遊艇大廳會見當地名流和有關客人，當她們與站在紐約市政府代表旁邊的「健力寶」人握手時，紐約市政府的美國朋友向兩位夫人介紹「健力寶」是中國著名的健康飲品，而林齊曙則及時向兩位夫人敬上一杯。就在兩位夫人笑盈盈的舉杯飲用「健力寶」的時候，早已等候多時的攝影師急忙頻頻按下快門，於是「健力寶」與希拉蕊夫人在一起的情景被載入史冊。

健力寶竟膽大包天，敢在總統夫人頭上動土，廣開了財源。

10. 服裝設計借大明星做活廣告

巴黎各大高級時裝公司每天都在電視上做「活廣告」，這「廣告」就穿在每一位節目主持人的身上。

活躍在法國電視台上的明星們的「包裝」，幾乎全部被巴黎的時裝公司承包下來：有「歌壇夜鶯」之稱的女高音米海依・瑪提厄出現在電視晚會上，必定身著皮爾・卡登的最新款式的服裝，近來名聲大振的女明星莎扎爾喜歡穿伊芙・聖羅蘭的套裝來主持電視新聞節目，著名女記者安娜・辛格萊爾則由巴黎最負盛名的克莉斯汀・迪奧公司為她安排出場的禮服。男明星們也不例外：最受歡迎的電視新聞節目主持人巴提克・晉瓦納在主持「星期二辯論」節目時穿著Lanvin公司的新款套裝顯得格外瀟灑……

幾乎法國所有知名度高的電視明星全都有固定的時裝公司為自己設計和製作服裝，而巴黎二十多家著名的時裝公司都有專門的預算撥款為活躍在螢光幕上的明星們製作服裝，有的公司還派出公關人員四處打探、尋找正在走紅的新秀，為之提供服務。一九八八年，中國著名的電影女演員潘虹去法國參加影片《末代皇帝》的首映活動，並應邀到法國電視二台接受採訪，Louis Feraud時裝公司捷足先登，向潘虹提供了上電視的全部服裝和化妝品。

時裝公司對電視明星們如此慷慨當然不是沒有意圖的。對公司來說，主持人在節目中向觀眾提一句自己的服裝是由誰提供的，這就足夠了。而且很多電視節目也必定在結束時特別註明某某公司向本節目中的演員提供了全套服裝。

11. 接待雷根總統的長城飯店

一九八四年初，傳來雷根訪問中國的消息，長城飯店的經理和公關人員立即意識到，這是一個難得的機會。美國總統如能光臨長城飯店，將給「長城」帶來極大的聲譽，飯店的前途也隨之會有另一個轉折，於是他們制定了周密的公關計劃，並全力付諸實施。

經過多方努力，他們終於爭取到了雷根總統在「長城」舉行答謝宴會的機會。一九八四年四月二十八日，來自世界各地的五百多名記者，聚集在長城飯店，向世界各地發出了雷根政府舉行告別宴會的消息，這些消息，無一不提到長城飯店。於是，長城飯店在全世界聲名大振。

總結長城飯店在公共關係方面的活動經驗，可以概括爲下列幾點：

第一，善於利用「權威效應」。一九八四年長城飯店剛落成不久，面臨著推銷形象，提高知名度的問題。而長城飯店主要目標是招來外國顧客，以其先進的設備和高檔的服務多賺些外匯。用什麼手段來達到這一目標呢？結果選中了雷根總統訪問中國大陸這一極佳時機，使長城飯店的名字有機會和雷根總統連在一起。

第二，不落俗套，貴在創新。創新是組織活力的象徵，只有創新，才能使企業在競爭中立於不敗之地，才能做到人無我有，人有我新。

第三，巧借新聞媒介，擴大企業聲譽。開業不久的飯店要提高知名度，僅靠廣告難以達到目的，聰明的「長城人」深諳巧借媒介的傳播之道，把雷根「搶到」飯店。隨同雷根訪華的五百多名外國記者則進行現場採訪。宴會還在進行中，一條條消息就通過電報接連不斷地飛向世界各地，「今天X時X分，美國總統雷根在北京長城飯店舉行答謝宴會……」的電視實況轉播，更使上億觀眾將長城飯店牢記心裡。

12. 布希總統的嗜好，商家的錢

一九八八年一月，當時的總統候選人布希曾對記者說，他最喜歡的零食是炸豬肉皮。不經意的一句話，傳到食品製造商耳朵裡，成了重要的經濟情報。他們憑借經營靈感，立即察覺到這種產品具有行情走俏的潛在可能。於是，紛紛在這過去無人問津的小吃上動腦筋。出於好奇心，不少人購買炸豬肉皮品嚐。從此，炸豬肉皮緊俏起來。

炸豬肉皮風靡美國給我們一個重要啓示：就是要善於發現「羊」。布希的一句話，被食品製造商及時發現並估計到，本來不好銷售的小吃一經名人肯定，很可能會引來不少眾人的關注。於是食品製造商「順手牽羊」賺了錢。

13.巧借總統的廣告詞

某一出版商有一批滯銷書久久不能脫手，有一天，他忽然想出了一個主意：「不如送一本書給總統吧！」之後並三番五次去尋求意見。忙於政務的總統不願意與他糾纏，便回了一句：「這本書不錯。」出版商便以此大做廣告：「總統推薦書，不可不看！」於是這些書被搶購一空。

不久，這個出版商又有書賣不出去，又送了一本給總統。總統上過一回當，想奚落他，就說：「這本書糟透了！」出版商聽後腦子一轉，又以此做廣告：「這是一本總統討厭的書。」有不少人出於好奇爭相搶購，書又售盡。

第三次，出版商將書送給總統，總統接受了前兩次教訓，便不作任何答覆，出版商卻大做廣告：「這是一本令總統難以下結論的書，欲購從速。」居然又被一搶而空。總統哭笑不得，而商人請出總統這隻猛虎，大發其財。

重要場合各顯神通

14.名牌時裝秀掀起「皮衣旋風」

北歐世家皮革公司以北歐及中國大陸出產的優質皮革爲原料，採用法國巴黎著名的時裝設計師克莉斯汀·迪奧(Christian Dior)的最新款式。每年秋季在紐約、巴黎等大城市舉辦時裝表演。這次它又委託世界著名的公關公司博雅公司(Burson-Marsteller)在東南亞、中國內部地區爲其宣傳。

博雅公司首先準備了一些文章，分批發表於香港的時裝、婦女、生活、風采等有關雜誌及報紙專欄。隨後，在香港電視台收視率極高的婦女專題節目中，突然出現身著名貴皮革服裝的中國與外國漂亮的女模特兒，她們身上的貴重皮革時裝光彩奪目，觀眾爲之傾倒，北歐皮革因而受到更多人的青睞。

同年十一月二十六日，中國有史以來第一次外國名牌時裝秀在長城飯店揭開了序幕，中國有關政府官員、服裝界人士、皮革行業專家、經理，北歐各國駐華使節，中國及外國記者近八百人觀看了表演。

中外新聞界都從中國政治、經濟、人民生活等角度評價了這場時裝表演；中國國內各大報刊、雜誌，都圖文並茂的報導了這次表演；中央電視台、香港亞洲電視台在黃金時間內報導了有關時裝表演盛況。歐洲與美洲、東南亞各國，掀起了皮革服裝熱，北歐世家在世界刮起了旋風。

15. 精工錶借奧運會大過廣告癮

以往奧運會使用的計時裝置都是瑞士產品。第十八屆東京奧運會卻一改過去的傳統習慣，採用了日本的精工計時裝置，使精工錶一躍而成為「世界計時之寶」。

當國際奧委會正式決定東京奧運會採用精工計時裝置後，日本精工計時公司一方面在世界範圍內利用各種傳播媒介大放「奧運會必須使用精工錶」的輿論，另一方面調集技術力量，針對奧運會大賽的特點，進行計時裝置技術的再開發。

奧運會開始後，整個賽場變成了精工錶的世界。所有的裁判員和全體日本運動員都佩戴著精工錶。每一條與奧運會有關的報導，都不可避免要提到「精工」二字。

東京體育館內，比賽大廳的精工計時器被譽為日本科學技術的精華。最為有趣的是放置在田徑場上的那座大型精工計時錶，成了舉世矚目的對象。無論哪種比賽開始，它都會以秒為單位開始走動；每場比賽結束後，獲獎運動員的名字在這塊錶的旁邊顯示出來，而運動員所代表國家的國旗也在錶的上方冉冉升起。為了拍攝國旗和得獎運動員的名字，電視攝影機就必定會對準這座碩大的競技計時錶，如此一來「精工」的標誌就通過電視螢幕而傳遍了全球。更妙的是連游泳池中，也裝置一塊大型水底精工錶，比賽開始後，所有的攝像機鏡頭都對著水中的游泳選手。這時，精工錶就會在每個鏡頭、每張照片中出現。日本人的商業意識在這裡發揮到了極致。

日本人借用奧運會這個難得的機會，爲精工錶宣傳、擴大影響。精工錶的崛起，改變了瑞士鐘錶一枝獨秀的格局。

16. 天津圓珠筆鍾情亞運會

上帝是公平的，機會面前人人平等，關鍵是你能否抓住它。

對於天津圓珠筆廠來說，曾有過不少機遇。十多年前，七八一筆芯被定爲傳眞筆芯，塡補了中國大陸在這方面的空白；四三三型雙色筆曾被列爲中國共產黨第十三次全國代表大會專用筆；鎢鋼筆曾得到中國國家經委授予「可與『派克』鋼珠筆媲美產品」的稱許：如此之多的機遇，不知爲何卻沒能使天津圓珠筆廠擺脫窘困的境地。

規模空前的第十一屆亞運會將在北京舉行，這一消息傳到天津圓珠筆廠後，他們的第一個反應是：又一次機遇降臨了！

一九八九年，當該廠一位副廠長懷著忐忑的心情敲開亞運集資部大門時，廠裡的資金狀況已到了極其窘迫的地步。爲此，他們只能用新試制的、價値四十元的二三三型亞運標記筆打入亞運會，此舉卻在消費者中掀起了一種時尚：記者、機關工作人員、售貨員、青年學生的胸前掛上了「記者筆」；那些丟三落四的孩子，纏住父母要給自己掛上這種「保險筆」；而那些標示亞運吉祥物熊貓「盼盼」的小圓珠筆更是成了孩子們鉛筆盒中的「寵物」。

天津圓珠筆廠巧借亞運盛會這一千載難逢的機遇，終於騰飛了。

17. 亞運會上可口可樂出妙招

儘管可口可樂公司爲第十一屆亞運會贊助了三百多萬美元，是主要贊助商之一，但不知是什麼原因，它的廣告卻沒被安排在最顯眼的地方。相形之下，美國MM巧克力的廣告攻勢則有聲有色，長安街上的「黃色MM」、天空中飄著的黃色飛艇，以及人們身穿的黃T恤衫不停佔據著觀眾的視野

可口可樂身爲本次主要贊助公司，廣告宣傳爲何竟如此「謙讓」？人們很快發現，可口可樂公司別有用心地，採取「圍魏救趙」的招術：它的主要策略放在爲亞運提供服務上。一千五百人的「亞運陣容」中有一千三百多人直接爲亞運會場服務，只有極少數人負責廣告。可口可樂的目標是：通過一流服務，使人們一旦喝了一杯可口可樂，就不會忘掉它。

依據計劃，總共四百四十五台現調機器被安裝在亞運會各活動場所，現場製作達到一定冰涼度、口感更佳的飲料。同時，一千兩百八十名北京職高的學生被送進中國大酒店，按照享譽世界的麥當勞公司的快餐服務標準，接受台灣培訓專家的嚴格訓練。

誰能想到，當「可樂小姐」把一杯冷飲和一份熱情一併遞到眾人的手裡後，竟產生了如此神效：男子十項全能冠軍金子宗弘跳下領獎台，首先衝到「可樂小姐」面前，一

邊把鮮花塞到她手裡一邊說：「要不是你們給我送飲料，我就拿不到這個冠軍了。」不只是金子宗弘，可口可樂的出色服務給很多人留下了難忘的印象。

這是沒有廣告味的廣告。

在國外，向顧客提供優質服務是企業保持最佳形象的有力手段。可口可樂公司沒有什麼新花招，它的形象百年不衰，不是靠配方，而在於他時刻想著顧客。

亞運會期間，除可口可樂之外，富士和佳能等公司在服務方而也有極佳的表現。富士公司不僅爲顧客免費沖洗底片，還爲攝影記者的正片免費加框。佳能公司則把最新的攝影器材免費借給攝影記者使用。很明顯，它們的目的只有一個，靠優質服務樹立企業形象。

當今世界，所有企業的成功都取決於服務。在企業家眼裡，服務是聯繫企業和用戶的橋樑，而此橋樑是以關心顧客爲基礎的。如果單純賣產品，就不會成爲競爭中的常勝將軍。

18.世界拳擊賽，台上台下打得火熱

打火機是個簡單產品，但也可掙錢；打火機是個簡單產品，但也不易生產。

日本東海精品公司的新田富夫總裁，是經營打火機業務的，但他的產品一直銷路不好。在七十年代的一個晚上，他在看電視節目時看到一條消息，說當時世界拳王阿里將要進行一場世界最頂級挑戰賽，屆時全球一百多個國家將會現場直播。一語點醒夢中人，他覺得自己的打火機打不開銷路，主要是牌子不響，廣大消費者不認識自己的「蒂爾．米蒂爾」牌。

他反覆思考後，決定不惜一切代價，要在拳王阿里比賽時播出自己的電視廣告。經聯繫，得知要在這場比賽中播出兩次廣告，就需要五千萬日圓，多麼大的一筆開支啊！幾乎等於當年該產品的全部營業額。但新田富夫毫不猶豫，做了這次廣告。結果，效果非常明顯，因爲當時全球有千千萬萬的觀眾在收看這場世界頂級拳擊比賽，在比賽中間插入廣告，而且是出現兩次，使得人們對「蒂爾．米蒂爾」牌有了一定的認知，特別是日本的觀眾，瞭解到該牌子能與世界級相提並論，因此，大家紛紛購買這種一次性的打火機。這樣，一下使東海精品公司的打火機由銷售平平變暢銷，直至不斷擴大生產才能滿足需求。

新田富夫嘗到了廣告的甜頭，之後經常在各種世界高知名度的重大比賽期間做廣告，使其銷售額迅速增加。據統計，他每年花的廣告費高達八億日圓，平均佔其營業額的5%至8%。現在，「蒂爾．米蒂爾」成爲一種熱門名牌，它佔領了日本打火機市場的90%以上，遠銷世界一百多個國家和地區。

一個一次性打火機的價錢只等於三兩盒火柴那麼多，對於這麼一種小商品，是沒有多少人注重的。但是，日本的東海精品公司卻把這小小的商品做成大生意，引起世界矚目。該公司從試制這種打火機到大量生產銷售，僅僅用了十五年時間。在一九八七年生產銷售了八億四千萬只收益金額八百四十多億日圓（約合七億多美元），取得了較大的盈利。

19.大陸國慶會上炫目的眞絲領帶

揚州領帶廠生產的某品牌眞絲手工編織領帶，質量優良。由於人們對它還很陌生，六個推銷員跑了全國三十多個城市，沒有簽訂好一份合約，也因此工廠有了關門的危險。二十九歲的廠長對自家生產的領帶質量、銷路有充分的自信，他認爲：會滯銷的原因是缺乏市場機遇，知名度不高，而且廣大消費者尚未瞭解眞絲手工編織領帶的性能，這三點是產品滯銷的主要原因。

這時，江蘇省有關部門組織鄉鎮企業去北京參加國慶展銷，廠長抓住這個千載難逢的機遇，命令全廠職工停止生產其他產品，全部改做眞絲手工編織領帶。這種決定幾乎是孤注一擲，沒有料敵制勝的把握，誰也不敢冒這樣大的風險。

廠長到了北京後，大力開展公關活動，給展銷館兩百多位工作人員每人贈送一條領帶，使人人都發揮活廣告的作用。眞絲手工編織領帶在北京一露面，立刻引人注目，中央電視台做國慶現場直播，播音員也繫上了該品牌手工編織的眞絲領帶。

而後廠長又在中央電視台的「爲您服務」節目裡親自主講了「西裝和領帶」專題。通過這些宣傳，揚州領帶廠收到了全國各地以及日本、美國的訂購信函，產品供不應求。第二年，該廠又去深圳搞展銷，產品銷售一空，最後連廠長脖子上的一條領帶也被搶光了。

這一事例充分顯示料敵制勝在市場推銷中的重要作用。

20.紅樓夢酒廠的「亞運壯行酒」

一九九零年為了支持亞運，全國人民踴躍捐物捐款，就在這種捐獻熱中，四川宜賓紅樓夢酒廠準備捐獻五百盒酒，想讓報紙就此事刊發消息、報導，並要求得到亞運會組委會領導的接見。

亞運會組委會接受全國各的大量的捐獻，自然不把價值不足一萬元的「酒水」放在眼裡。顯然，只有突顯「情義重」，才能使五百盒酒超越其自身的價值，並爆出新聞。中華精品推展會工作人員苦思冥想，決定以「壯行酒」的名義贈酒，並舉行贈酒儀式，這與中國民族文化心理不謀而合。

古代將士出征在即，臨行前必定會喝上滴了雞血的壯行酒，以壯軍威，表示必勝的信心。這壯行酒正蘊含了大陸人民對亞運勝利告捷的熱切期盼。獻酒儀式非常隆重，整個氣氛顯得肅穆、雄壯、古色古香，記者們紛紛舉起照相機、攝影機攝下了這動人的一幕，中央電視台、北京電視台當晚就播放了這一消息，第二天中國全境四十多家報紙均報導了這件事情。

爾後，這壯行酒在消費大眾的心中與北京亞運會上，大陸運動員的輝煌成績連結在一起。提起亞運健兒們的成功，誰能不聯想到出征前激動人心的壯行酒？也因此一九九零年十一月，在石家莊訂貨會上，三千六百萬「壯行酒」全部銷售一空。紅樓夢酒廠廠長發自內心的對中華精品推展會祕書長說：「謝謝你！這是我當企業家以來，花錢最少、收益最大的一次。」

有見識的競爭者都善於借助媒體大造聲勢，以適時、準確、廣泛、生動的宣傳，提高本企業的知名度，增強企業產品對消費者的吸引力，以擴大銷售。

21.白蘭地入住「美國白宮」

法國的白蘭地酒在法國國內和歐洲地區暢銷不衰，但總是難以在美國市場大量銷售。爲佔領巨大的美國市場，白蘭地公司耗資數萬專門調查美國人的飲酒習慣，制定出各種推銷策略，但因促銷手段單調，結果是收效甚微。

這時有一位叫柯林斯的推銷專家，向白蘭地公司總經理提出一個推銷妙法：在美國總統艾森豪威爾六十七歲誕辰之際，向總統贈送白蘭地酒，藉機擴大白蘭地在美國的影響，進而打開美國市場。

白蘭地公司總經理採納了這個建議。公司首先向美國國務卿呈上一份禮柬，上面寫道：「尊敬的國務卿閣下，法國人民爲了表示對美國總統的敬意，將在艾森豪威爾總統六十七歲誕辰那天，贈送兩桶窖藏六十七年的法國白蘭地酒，請總統閣下接受我們的心意。」然後，他們把這一消息在法美兩國的報紙上連續登載。這下子，彷彿平地一聲驚雷，白蘭地公司將向美國總統贈酒的新聞成爲美國千百萬人街談巷議的熱門話題。

贈酒那天，白宮前的草坪上熱鬧非凡。四名英俊的法國青年身著法蘭西宮廷侍衛服裝，抬著禮品緩緩步入，人群中頓時歡聲雷動，總統生日慶典變成了法國白蘭地酒的歡迎儀式。

從此以後，爭購白蘭地酒的熱潮在美國各地掀起。一時間，國家宴會、家庭餐桌上少不了白蘭地酒。白蘭地酒進軍美國市場之後，白蘭地公司的收益大幅度增加。

事實勝於雄辯

22. 讓事實幫你說話

經營者對於容易提出抱怨的客戶，可帶他到工廠或公司去參觀。以情緒或感覺作爲突破口，而引導他人進入接受的狀態，要盡可能地避免抽象的說話方式，最好以活生生的例子來喚醒對方。法國哲學家亞蘭也說過這樣的話：「不管在任何場合，抽象的文體都是不討好的，文章裡面如果能以一些較具體的石頭、金屬、桌椅、動物和男女等等實際的東西來作比喻，是最恰當不過的。」

正如亞蘭所說的，以實際的石頭、金屬、動物等等東西作說明，比較能讓人產生活生生的鮮明印象。

美國可口可樂瓶子的誕生，據說就是一段自我推銷的有趣插曲。

那是在一九二零年左右，一個名叫羅特的年輕人，看到他女朋友的圓裙時得到了靈感，創造了可口可樂的瓶子，這種瓶子至今仍廣爲其他製造者使用。

羅特對於自己所設計的瓶子非常有信心，他畫了瓶子的素描到可口可樂公司去毛遂自薦。在可口可樂公司裡，他向對方說：

「我所設計的這個瓶子，外觀非常漂亮，握住的地方也很穩，絕對不會滑落下來。」

但是可口可樂公司的負責人，卻以一種不屑的眼光看他。

數天之後，羅特拿著做好的實際瓶子和一個杯子，又來到可口可樂公司。出來傳話的職員依然以不屑一顧的神情望著他，但羅特不慌不忙地問眾人：

「各位，你們知道這個瓶子和杯子的容量哪一個大嗎？」

大家不約而同地答道：「當然是瓶子的容量大些。」

等他們說完，羅特就將杯子的水倒入瓶子裡，結果杯裡的水卻無法全部裝入瓶裡，水從瓶口溢了出來。由此可以顯示羅特所設計的瓶子的優點，它滿足了一般廠商希望要在視覺效果上達到完美的要求。於是針對羅特所設計的瓶子，可口可樂公司立刻召開了董事會，討論是否要用這種羅特瓶子來裝可口可樂。結果是沒過多久就訂了合約，羅特所設計的瓶子一直被沿用至今。

羅特能夠在力排眾議的情況下，賺取了一筆可觀的設計費，可以說完全是以實物來影響對方的感覺所取得的結果。

23. 拿自己產品比別人的產品

某化工企業的一位推銷人員，帶著他們廠的產品——尼龍拖纜，到當地的一家運輸公司去推銷。由於這家運輸公司一直使用鋼絲拖纜，久成習慣，所以，儘管這位推銷人員費盡口舌，介紹尼龍拖纜價格低，不生銹，易保存，拉力強，優於鋼絲拖纜等等優點，這家運輸公司仍然不肯訂購尼龍拖纜。「一定要想辦法讓他們親自用一用尼龍拖纜。」這位推銷員暗自思忖。

一天，這位推銷人員又到這家運輸公司，碰巧運輸公司的一輛卡車陷到泥裡去了。於是，這位推銷人員立刻送上自己的尼龍拖纜，幫助卡車司機擺脫了困境。這位司機既爲推銷人員的熱情幫助所感動，又親自目睹了尼龍拖纜確實具有使用方便等優點，對尼龍拖纜產生了好感，於是親自帶著推銷員去見經理，說服經理選購尼龍拖纜，終於使尼龍拖纜在這家運輸公司中打開了銷路。

台灣的一家螺絲廠，生產技術和設備都屬一流，產品的質量也遠遠超過市場上的其他同類產品。但由於成本較高，產品售價要高出其他同類產品三成左右，這就給產品的銷售帶來了一定的困難。幾經思慮，這家工廠的推銷人員想出了一個辦法。他每到一家客戶那裡，總是客氣而又堅決地要求對方將該廠的產品和客戶常用的其他廠家生產的螺絲同放在一盆鹽水中浸泡一會兒，然後再把螺絲一同取出，放在一旁晾起來，並向客戶說好下週再來看結果。

過了一周，這位推銷人員再度登門，與客戶一起對上週晾置的螺絲進行觀察，結果，其他經過鹽水浸泡的螺絲都已生銹跡斑斑，唯有他推銷的螺絲沒有生銹。這時，這位推銷人員不失時機地將本廠的生產技術和設備的先進之處，產品的優越性以及產品價格爲何高於市場上出售的其他同類產品的原因，向客戶做了詳細的介紹。他又與客戶算一筆賬：該廠螺絲價格雖然略高於其他同類產品，但使用安全可靠，這個優點是其他同類產品無法比擬的。經過實際試驗和推銷人員的詳細介紹，幾乎所有的用戶都心服口服，自願改用該廠的螺絲。這樣，該廠的產品終於在市場上佔了一席之地。

以上的例子，是推銷人員上門推銷商品時，或是推銷人員爲了說服已形成了某種消費習慣的顧客時常常採用的推銷手段。它的優點在於：耳聽爲虛，眼見爲實，讓具體的事實來說話，事實勝於雄辯。通過消費者的親眼觀察和親身感受，增強了對商品的瞭解和信任，從而達到推銷的目的。

24.日本西鐵城的甩打推銷術

日本西鐵城鐘表公司每天製造十八萬只錶，即每秒生產兩只，產品遠銷世界各地，深受人們的喜愛。該公司董事長現年七十多歲的山崎說：「八〇年代的製表工業最講求精確和時髦，因此西鐵城鐘表公司生產的手錶不但款式新穎，而且質量精湛。」

一九八三年，日本西鐵城表商在澳洲貼出一幅廣告，告示上寫著：「某年某月某日，西鐵城公司將從空中向某廣場投下手錶，有感興趣者，請屆時參觀。」廣告貼出，立刻傳遍全城，投錶那天，各懷不同心事的人從四面八方來到廣場。當然來廣場的人不外乎一是看看熱鬧，二是碰碰運氣。當他們看到一塊塊手錶從天而降，落地後外表不但完好無損，而且手錶精度絲毫不減時，人們都爲西鐵城堅硬的產品質量而讚揚不止。「高空投錶，完好無損」成爲人們傳送的佳話，事後，這種優質口碑自然廣爲流傳，西鐵城手錶因此名聲大振，很快就在這個國家和國際市場打開了銷路。

西鐵城巧用「拋磚引玉」實在是老謀深算的贏家。

25.組合推銷法

中國長春有家汽車經銷服務部，專門經銷長春第一汽車製造廠的中型卡車。在激烈的銷售大戰中，它曾打出一套漂亮的組合拳。

全國勞動模範、甘肅省蘭州市汽車運輸公司張軍榜駕駛的一輛解放牌汽車，行駛一百一十萬公里無大修，成績優異，汽車經銷服務部知道了這個情況，便邀他回一趟「娘家」。張軍榜接受了邀請，又駕駛這輛汽車，途經六省一市，行程三千多公里，趕到長春。經銷服務部及時與第一汽車製造廠有關領導聯繫，安排上司和員工熱烈歡迎軍榜的到來，向他頒發了模範用戶證書，並將一輛CA1415新型解放牌汽車贈送給他使用。一時間，這件事成了熱門話題，經銷服務部又把握時機，與長春的幾家報社聯繫，把這件事以《行駛一百一十萬公里無大修的汽車回娘家》爲題在報紙上刊登了出來。

這件事乍看起來很簡單，而稍加深思，就會感到其中大有學問。這是汽車經銷服務部對推銷手段加以組合的巧妙應用，就好像在拳擊場上打出了組合拳一樣。

推銷手段通常有四種，即人員推銷、廣告宣傳、銷售推廣和公共關係。而推銷手段組合，就是有目的、有計劃地把人員推銷、廣告宣傳、銷售推廣和公共關係等四種推銷手段配合起來綜合運用，形成一個完整的最佳的銷售策略。在現代企業營銷管理中，不僅要注重對某一種推銷手段的選用，而且更要注重各種推銷手段的有效組合。

長春汽車經銷服務部在處理張軍榜駕車回「娘家」這件事的過程中，巧妙地運用了連環計，取得了顯著的促銷效果。

首先，經銷服務部邀請張軍榜駕車回「娘家」，張軍榜駕駛著已經行駛一百一十萬公里的汽車，途經六省一市，行程三千多公里，這實際上是爲經銷服務部及其經銷的汽車做了廣告宣傳，使人們對經銷服務部及其經銷的汽車產生了信賴感。

其次，經銷服務部採用了銷售推廣手段，贈送給張軍榜一輛新型解放牌汽車，以便靠全國勞動模範的影響，宣傳新型車，促進了新型車的銷售。

第三，經銷服務部還通過幾家報紙的宣傳報導，加強了用戶對經銷服務部的瞭解，提高了經銷服務部的聲譽，建立了良好的企業形象。這是公共關係推銷手段的運用。

可見，在這看起來似乎很簡單的一件事中，長春汽車經銷服務部大做文章，把多種推銷手段有效組合起來綜合運用，這確實是值得企業銷售人員學習和掌握的。

26. 雜誌裡的香頁廣告

在美國，自從喬治奧公司以雜誌廣告上的「香頁」來做香水廣告後，已有十幾家廠家倣傚，使自一九八〇年下跌的香水銷量在過去五年間呈上升趨勢。

這些香頁通常夾在婦女雜誌和家庭、裝飾之類的雜誌當中。其方法是在明信片大小的廣告頁上，鋪上許許多多的細微香油滴，再用特製的方法使油滴不會裂開溢出。撕開廣告，便有該牌號的香水飄出，濃淡相宜，十分誘人。香頁上印有幾百個免費電話，只要打電話過去訂購，香水就會寄到消費者手上，而費用則計入信用卡中。香頁宣傳香水的方法使一些非香水行業受到啓發，不久前，勞斯萊斯汽車在《建築文摘》上刊出了香頁廣告，香頁裡傳出的是該車車座上的眞皮氣味。廣告刊出後，詢問該公司的電話增加了四倍之多。

這一事例說明了香頁市場的潛在力量。雖然刊登香頁費用很貴，但香水的銷售統計表明香頁廣告是成功的。這情形正如「夏巴市場」的化妝品及香水市場主任美莉娜迪・岡戴爾所說的：「香水生意的競爭很厲害，所以要把香氣直接送到人們鼻子裡面。」

27.「先試後買」效果佳

一九九二年六月底至七月中旬，北京市七個城近郊區的大約三分之一的居民，收到了由三百一十名勤工儉學的大學生挨戶送上門的禮品：兩小袋「潘婷」洗髮精及一張精美的宣傳單。

這是廣州寶潔公司組織的一次開拓市場的宣傳活動——入戶派發。這次活動總投資百餘萬元，派發品達六十萬份，手法之新，規模之大，在北京堪稱前所未有。

一位廣告界人士從理論上解釋了派發活動的成功。他說：「廣告界有句名言：科學的廣告術是以心理學爲依據的。促成消費者購買行爲的心理過程是：引起注意、激發興趣、刺激慾望、加強記憶、導致行動。而此次派發活動，正是密切了生產者與消費者的相互關係，增進了友誼，博得了廣泛的社會關注，因而它遠遠超出了常規廣告的功效。這種入戶推銷的方式雖在國外並不鮮見，但在中國尙屬嘗試。也正因爲如此，它在北京引起了更大的轟動效應。」

一位居民說：「這種方式好、實在。現在電視廣告太多了，特別是化妝品，都記不得誰是誰了。而這種產品送上門來試用，學生們有禮貌，態度又好，我覺得挺親切的，下回我就買它了。」

28. 生存法則

經營者的生存，最終是以實現產品價值爲前提。因此，在市場舞台上，經營者要時刻把握它的運動趨勢，採取不同的營銷策略。由「苦肉計」衍生出來的「以形服人」即這種策略之一。它是在產品正式進入市場之際，首先將產品形象地、直觀地公諸於世，來驅動、誘發人們對產品的購買慾望。

企業經營者常以破壞性試驗、功能性展銷等方式來達到征服用戶的目的。

破壞性試驗是指在大庭廣眾之中，對產品施加強烈的外界衝擊，讓人感到產品質量很好，經的起嚴苛的考驗。

一九八六年，江蘇省射陽縣沙發床墊廠生產一種「蘇鶴牌」席夢思床墊，初時銷售冷落，默默無聞。當年十一月，供銷人員把產品運到馬鞍山市，鋪在大街上，當眾用一輛載重十噸的卡車碾壓後，床墊毫無損害，頓時名噪全市。

不到半年，「蘇鶴」暢銷上海、南京、無錫等幾十個中、大型城市。

上述例子說明，產品本身是最有說服力的廣告，用戶最信服的是自己親眼看到的。

因而，一種產品能否征服用戶，最有效的手段是讓產品本身說話。顧客喜愛的產品，才是最好的產品。

在以用戶爲主的市場競爭中，使顧客對產品各種質量指標放心非常重要。爲解除購買者的種種疑慮，必要時可施展「苦肉計」，讓產品受受「苦」也無妨。

懸疑新奇，引人注目

29.「乳品四部曲」銷售法

美國乳品大王斯圖．倫納德成功的經營世界上最大的乳品超級市場。由於乳製品時效性很強，倫納德採購、運輸貨物從不透過中間商，而由商店自行採運，貨物一到，立刻上架，庫存積壓很少。由於該店出售的商品既新鮮，品種又多，所以顧客盈門，上架貨物很快就可賣掉，換回資金，從而加速了資金周轉，生意越做越好。每星期平均有十萬人光顧此市場，一周可賣出七萬五千個麵包，一年銷售一百五十萬個蛋卷冰淇淋、兩萬兩千噸各種家禽，年銷售總額達一億美元，如此高的銷售額和銷售量，在世界食品行業中首屈一指。也許有人要問倫納德怎麼能保證上架的產品能在短時間內賣出呢？乳品大王說：「創造刺激顧客購買慾望的環境，是我成功銷售的祕訣。」但這種環境是怎樣創造出來的呢？

倫納德創造了著名的「四部曲」銷售法：

第一步，倫納德別出心裁的在超級市場門口放上一頭乳牛。乳牛打扮得漂漂亮亮，不時向顧客搖頭擺尾，好似向顧客表示歡迎。這情景使剛要進店的顧客不由自主的由乳牛想到乳製品。走進市場大門，映入眼簾的是聳立在前廳一頭活靈活現的塑膠製乳牛，乳牛旁邊還站著一位哼著民謠的牧牛機器人。顧客彷彿置身於牛羊成群的牧場中，對乳製品產生了強烈的興趣，希望從乳產品上得到一種快樂的享受，這是第二步。

第三步，穿過前廳走入售貨大廳裡，兩隻活潑可愛的機器狗，每隔六分鐘唱一首「什麼什麼眞好吃」、「好吃不過乳製品」的逗人歌曲，使顧客在每一步都得到不同的感受，購買慾望被初步激發了出來。但要眞正產生購買行動，還有第四步。當顧客在各式各樣的商品間穿梭時，撲鼻而來的是烤麵包的陣陣清香及奶香，令人饞涎欲滴。在這樣的環境中，即使原本無心購買的顧客也會生起購買慾望，將鈔票塞入經銷商的腰包。

30.引發懸念

一九八一年九月一日，剛從海濱度假村休假回來的一群法國公民上班了。突然，他們發現在他們的工作區四周，貼滿了三公尺長的大海報，一位穿著三點式泳衣的漂亮女郎，雙手叉腰，向著來往行人微笑。身旁寫著：「九月二日，我把上面的脫掉！」

人們都等待九月二日的到來，這一夜似乎特別長。

第二天，上班的人發現海報上的女郎依然叉著腰微笑，但是「上面的」果真不見了，露出健美的胸脯。女郎身邊又有一行新的說明：「九月四日，我把下面的脫掉。」

人們開始竊竊私語，究竟是怎麼回事？新聞記者四處打聽，也探不到內情。

九月四日，人們起得特別早，窗子向著廣告牌的人，一早便起來向外張望。映入人們眼簾的是一個轉了身的女郎，一絲不掛，她修長的身材在晨光中閃著健美的光芒。「下面的」果然沒有了，身旁寫道：

「美國海報廣告公司，說得到，做得到。」

這則海報竟使美國海報廣告公司家喻戶曉，名聲大噪，錢財滾滾而來。

31.民俗風情，促銷新招

頭裹彩色紗巾，肩挑籮筐，籮筐裡堆放著葡萄乾，操著不太流利的廣東話「廣而告之」，這是最近出現在廣州叫賣葡萄乾的「阿娜木罕」。她給初冬的南國大都市增添了幾許情趣。

在海珠廣場一側，一位來自喀什的新疆姑娘，以一種新招吸引顧客：圍著裝葡萄乾的籮筐不停地載歌載舞，頭部頻頻晃動，頭上的紗巾也隨著飄揚，嘴裡哼唱著《吐魯番的葡萄熟了》的歌曲。這別開生面的促銷新招，吸引了眾多市民駐足觀賞，紛紛掏錢購買，籮筐裡的葡萄乾在漸漸減少，而「阿娜木罕」繫在腰際的花布荷包卻慢慢鼓了起來。

在越秀公園大門前，一位來自吐魯番的胖大嫂在一棵大樹下，一邊有節奏地拍著手掌，一邊哼唱著經過改編的歌曲：「咱們新疆好地方哎，葡萄乾兒甜又香呀！」聽上去頗有一番韻味，不少來公園的遊客停住腳步，望著小籮筐裡的琉璃色的葡萄乾，紛紛向這位新疆胖大嫂叫道：「稱一斤」、「來半斤」。

「阿娜木罕」們，帶來了她們的土特產，帶來了她們的民族風情，也帶來了她們獨特的促銷方式。

32.造「鬼」洞賺大錢

酆都一家信用社主任陳永紅在兩年前辭職當了個體戶。他到全國旅遊勝的觀察，根據《愣嚴經》書中的「鬼神居位高峰石壁或山洞之中」，並根據酆都是鬼城，必須突出「鬼」的特色這一旅客心理需求，運用現代技術的聲、光、電，結合塑像以及機械傳動裝置，使「鬼」在山洞裡活靈活現，深受遊客讚賞。

一九九一年「鬼洞」開業，僅幾個月時間就接待政府官員、中外遊客十一萬人次，向國家交稅近兩萬元。

鬼是無法證明其存在的，而「鬼招」卻可以存在。

33.「缸鴨狗」諧音店名招攬顧客

初到寧波的人，漫步在開明街道上，都會爲一家湯圓店別具一格的店牌所吸引，其店牌是「老牌（缸鴨狗）名店」。「老牌」和「名店」並無特色，近乎俗套，但在其店牌上畫著的三個莫名其妙的圖案，卻像三把無形的鉤子，勾住了來往行人的眼睛和雙腳。這三個圖案是：一個水缸，一隻白鴨子，一條小黃狗。如果望「圖」生義的話，還以爲這是一家既賣水缸，又賣烤鴨，還賣狗肉，不倫不類的雜貨鋪。

其實並不是這樣，該店只賣甜湯圓之類的一些甜食。那麼店牌上爲什麼要畫上那三個與所賣商品毫不相干的圖案呢？原來，這家湯圓店是解放前一個名叫江阿狗的小販開設的。店牌上的圖案就是根據店主名字的諧音畫成的。過往行人被百思不解的店牌吸引後，爲了弄個水落石出，往往會走進店門，在品嚐湯圓美味的同時聽店主人娓娓道出其根由。

從「缸鴨狗」這一店名可以看出，店鋪的名稱不僅僅是一個店鋪的標誌，而且還會對人們的心理活動產生重大影響，喚起人們不同的心理體驗和反應。一個好店名，就如一塊磁鐵般吸引著顧客，具有不可思議的魔力，從而影響其生意和經營狀況。

34. 累積印象的廣告疊加效用

加利福尼亞蘭麗化妝品公司在推銷蘭麗系列化妝品時，利用合乎心理規律的累積印象廣告，針對一個個目標市場打開了自己的銷路。

他們第一次為蘭麗綿羊霜作廣告，廣告標題中有七個字：「只要青春不要痘。」

這句話一下子抓住了少女們的心理。畫面上的女子以扇遮面，只露兩個眼睛，似羞似俏。其實是因為有「遮不住的煩惱」。

不久，他們策劃了新的蘭麗綿羊油廣告，他們告訴孕婦：「從懷孕的第三個月開始，早晚使用綿羊油，按摩腹部及乳房，能預防妊娠皺紋的產生及乳房下垂。」

人們又一次瞭解了蘭麗系列化妝品。

一個月後，第三則廣告出籠，畫面上的家庭主婦送丈夫上班、孩子上學。她告訴所有的主婦：「冬天風寒，防止肌膚粗糙乾裂，外出及睡眠前用綿羊油按摩，尤其是嘴臉、手腳、足踝等特別容易乾裂的部位，可以防止肌膚免受寒風的傷害。」

人們又一次從蘭麗化妝品體驗到了母親與妻子般的愛。

過了一陣，第四則廣告與讀者見面。一位老祖母年齡的婦女告訴人們：

「我現在惟一的遺憾，是臉上的皺紋多了些。假如能回到二十五歲前，我一定注意護理皮膚，常用綿羊油。」

女性從二十五歲起，皮膚開始走下坡路，如果這時注意滋潤肌膚，就能起到防止肌膚衰退，保持肌膚光澤與彈性的效果。

蘭麗警告人們，這是前車之鑒。

母親節的時候，蘭麗廣告又勸人買蘭麗送給母親。

不管是誰，在一陣緊似一陣的廣告攻勢下，都不可能置若罔聞。而只作一兩次廣告，效果就不可能很好。經過一番宣傳，人們無疑會記住「蘭麗」這個品牌，看來，廣告中也可施用連環推銷。

35.假懸賞，眞推銷

林子大了，什麼鳥都有。世界上有懸賞緝拿要犯的，有懸賞舉報走私、販毒的，也有商人假懸賞行推銷術的，以下就是典型事例。

開發合成樹脂毛毯成功的日本梨化公司，常在市面上發現仿冒品。這些仿冒品對該公司商品的銷路形成威脅。於是爲了維護權益，該公司在各大報上刊出如下廣告：

「讓合成樹脂長出柔軟而悅目的絨毛，是本公司所開發的新穎產品。這種物美價廉的毛毯人見人愛，然而它有專利權，任何人都不允許仿冒。如果您發現有人仿冒，請將該廠主姓名、該廠地址通知我們，本公司便會贈送兩百萬元獎金給您，絕不食言。」

這項廣告嚴肅而不呆板，不僅收到嚇阻別人仿製的效果，且因兩百萬元獎金掀起了一股空前的熱潮，竟使得知名度不高的合成樹脂毛毯，一夜之間成爲家喻戶曉的熱門新產品，得以在市場上打下了相當廣泛而穩固的基礎。

當然，兩百萬元獎金未能兌現，因仿造廠家非常隱密，沒有被人發現。但這則廣告的確遏制了仿冒品，而且使梨化公司的產品在日本國內廣受消費者歡迎，大爲暢銷，之後竟也開拓出國外的市場，外銷的數量也與年俱增。

公司所承諾的巨額懸賞雖然是個幌子，卻也能促進商品知名度的提高，從而擴大了銷售量。

此計一舉兩得，一箭雙鵰，以懸賞作爲幌子，嚇倒仿冒者，爲自己贏得了顧客、贏得了市場，當然也賺了鈔票。

36. 美國《檢查者報》出奇制勝

美國《檢查者報》的廣告，出奇制勝，令人難以忘懷。

《檢查者報》曾經在電視上做了這樣一則廣告，電視畫面推出舊金山電報大樓塔頂的特寫。旁白道：

「我們正在重複伽利略的試驗，以證明究竟是這台電視機重，還是這份報紙紙《檢查者報》重。」

接著，一位著名的報紙出版商將一台電視機和一份報紙同時從塔頂扔下。報紙落下時，竟把人行道撞出個大洞，而電視機僅僅跳了幾下。反覆試驗結果引起人們普遍的爭論。

一家電台就試驗結果發表了五篇措辭激烈的評論，甚至讓記者重複這個試驗，以驗證事實。這件事在美國引起了不小響應，不僅地方電視台給予報導，連《紐約時報》和國家廣播電台也報導了此事。

結果，《檢查者報》被世人廣泛認識，發行量一升再升。它以違背現代社會最普遍的科學常識爲突破點，而引起人們對《檢查者報》的注意，實在是一個大膽的構思。

37.空白與重點出奇效

如何使廣告畫面更吸引人，注意「空白」和「重點」的運用是很有必要的。因爲空白有利於突出廣告主體，而重點指向更力求引人注目。

「敵那曬護膚液」公司花錢買下《華盛頓郵報》一整版版面做廣告。廣告用一個漂亮的姑娘做模特兒，廣告標題則寫在一個方框內，從方框裡放射出箭頭指向姑娘的不同身體部位，這既說明了護膚液對這些部位具有特別保護的作用，也增強了廣告的吸引力。此外，廣告中大量運用空白，使上述廣告內容在報紙上顯得更突出、更顯眼。

新穎獨特的廣告宣傳，使「敵那曬護膚液」在夏季各種護膚防曬膏多如牛毛的情況下，脫穎而出，獨樹一幟，得到姑娘們的特別青睞。

38.引人注目的野狼「七天」廣告

有的在一個廣告中製造懸念，引人入勝；有的則通過一組懸念廣告，引起人們普遍的高度關注。台灣野狼一二五機車的銷售廣告就是採用後一種方式。

一九七四年三月二十六日，台灣的兩家主要報紙同時刊出了一則圖文式廣告。圖上畫的是一幅漫畫式機車，沒有註明廠牌，圖下端寫著幾行字：「今天不要買機車，請您稍候六天。買機車您必須愼重地考慮。有一部意想不到的好車就要來了。」

第二天，廣告繼續刊出，內容只換了一個字：「請您稍候五天…」

第三天，又只改一字，「稍候四天」。

第四天，廣告寫的是：「請再稍候三天。要買機車，您必須考慮到外形、耗油量、馬力、耐用度等等。有一部與眾不同的好車就要來了。」

第五天，已被吊了幾天的懸念獲得了「實際補償」，廣告出現了實質性內容，「讓您久等的這部外形、衝力、耐用度、省油都能令您滿意的野狼一二五機車就要來了，煩您再稍候兩天。」應該說，此刻消費者被懸念引發的衝動已加快。

第六天，千呼萬喚欲出來，但「猶抱琵琶半遮面」，廣告寫的是「對不起，讓您久候的野狼一二五機車，明天就要來了。」

第七天，「野狼」終於衝進市場，立即成爲暢銷產品。

這廣告眞夠狠，竟然讓顧客苦苦熬等了七天，妙！妙！妙！

39. 巧用「第三者」

世界之大，無奇不有。

一天，在英國的邁克斯亞法庭上，一位衣著華麗的婦女氣呼呼地鬧著要跟丈夫離婚，理由是：丈夫有了外遇。

中年婦女說：「無論白天黑夜，他都要去運動場跟那個『第三者』見面！」

法官問道：「『第三者』是誰？」

「足球！」

法官啼笑皆非。

「足球不是人啊，除非你控告生產足球的廠家，否則，法庭是不會受理這起案子的。」中年婦女一聽，竟然對年產二十萬隻足球的宇宙足球廠提出了控告。

更令人驚奇的是：宇宙足球廠願意賠償這位中年婦女的「孤獨費」十萬英鎊！

宇宙足球廠的解釋是：這位太太的控詞爲宇宙足球廠作了一次絕妙的廣告，這說明這個廠生產的足球太有魅力了。

宇宙足球廠的這一「出奇」之舉，使「宇宙足球」成爲千家萬戶津津樂道的佳話，該廠的產品銷量倍增，令同行們望塵莫及。

40.《紅高粱》別出心裁在德國

《紅高粱》一炮打響，造就了新一代影星鞏俐，也使張藝謀的名字在中國家喻戶曉。

《紅高粱》在外國如何呢？

外國電影界十分重視對電影的「包裝」，特別是一部鉅片的首映，往往不惜工本地投入大量人力、物力、財力，只求獲得一場令人印象深刻的盛宴。而中國電影界因財力有限，對國外同行的「揮金如土」只能是望洋興歎。當然，中國影片也就鮮為外國觀眾觀賞。

《紅高粱》在德國舉行首映時，中國代表團別出心裁地向每位觀眾免費贈送了一件紅色粗布對襟小褂——假如讀者對《紅高粱》不陌生的話，您一定能想像出那種可愛的紅色粗布對襟小褂會是什麼樣子，小褂的背後還有三個漢字：紅高粱。令中國代表團又驚又喜的是：小褂備受外國觀眾的歡迎，電影散場後，他們紛紛把小褂穿在身上，一時間，影院、街頭，到處可見「紅高粱」。沒有看過《紅高粱》的德國人爭先湧入影院，期望一睹《紅高粱》，也期望得到一件珍貴的中國藝術品——紅色粗布對襟小褂。

在電影放映期間，《紅高粱》的賣座率一直是直線上升。

最後，還要告訴各位讀者：對襟小褂的成本只有一點五元人民幣。

41.促銷廣告幽默不可少

廣告製作是創造成功廣告的關鍵，世界上優秀的企業主無不精心挑選適合自己要求的廣告製作者，美國食品大王鮑洛奇事業的輝煌，正是由於他遇上並選擇了幽默而富有創造性的廣告業者史坦。

他與眾不同，認為「企業是消費者的上帝」，他要把企業的創新產品通過廣告的形式傳達給消費者，並以此來調動市場，使市場具有自發持久的消費熱情。

他認為廣告是企業的「第二生命」，他在廣告製作上花費大量心血，他要求廣告要有爆炸性的效果，起到出奇制勝的作用。他精心挑選理想的廣告製作者，先後更換過十幾家廣告公司，直到遇上幽默的廣告怪傑史坦。史坦為他製作了許多令人捧腹大笑的「一分鐘廣告」，這些廣告諧而不俗，令人耳目一新，公司因此名聲大振，年增長率陡然上升30%。

電視小品是史坦廣告的主要風格，一次他為鮑洛奇的重慶公司推銷中國炒麵做了這樣一則廣告：在人頭攢動的電梯裡，一位推銷員正背對著電梯大門，唾沫四濺地向人們推銷炒麵。搭電梯的人再三勸他轉過身去他都不理，最後只好讓他從一樓走出電梯。他走進另一扇門，一抬頭，竟是「重慶公司經銷部」。

另一則廣告也同時播出：十個醫生有九個說中國炒麵營養豐富，配方合理，是最理想的食品，但是待鏡頭推近，人們定睛一看，原來這九位醫生全是中國人。

開始鮑洛奇認為這個廣告諷刺意味太重，擔心出現反作用，史坦卻信心十足，他說：「如果這些廣告不能大幅度提高你的銷售量，我用人力車拉著你繞飯店一圈。」

鮑洛奇高興地大笑說：「如果我輸了，也照辦。」

結果鮑洛奇輸了。他歡天喜地地以驕傲自負的老闆身份，拉著史坦在洛杉磯的大街上跑了一圈。

42.鬼屋飲食店

日本一位退休老人，「人棄我取」的廉價買下一個店舖開飲食店，竟然大獲成功。

這位老人名叫久保田一平，從保險公司退休。

一次，有一個人要把一棟店舖以市價三分之一的價錢賣給他，他雖然知道那棟房出過命案，並被傳聞「有鬼」，但覺得只要腦筋轉個彎利用這個「傳說」正好讓這個地點揚名，於是用退休金買下這棟房屋開飲食店。

他的親戚、朋友都笑他是無藥可救的大傻瓜，但久保田一平卻毫不介意。

當他的飲食店準備妥當後，還專門選擇日本航空公司發生大空難的週年紀念日——十一月十三日來開張。

這個日子是個不吉利的日子，屋子又是鬼屋，久保打何主意？

原來，久保田一平不相信鬼神、命運，但卻會利用人們的心理「製造新聞」。開張之日，他聘請五位道士前來「唸經驅鬼」、「作法驅妖」，並邀請數百位親友前來觀禮。

道士們穿上五顏六色的法衣，用擴音器大唸經文，燒了一大堆金銀衣紙，還抬來紙紮神轎，轎內是一尊神像，在店內轉來轉去後燒化。與此同時，領頭的道士披髮仗劍，作法一番，由於這種迷信的古代儀式很少有人看過，故引得成百上千的行人駐足觀看。被邀請的親友更是印象深刻，回家後當作新聞來講。消息傳開，不久就遠近皆知有這麼一家鬼屋飲食店，人們出於好奇便來光顧，結果生意興隆。

數年後，久保田一平已成了神戶的大財主，開了十六家分店。他說：「如果肯動腦筋，任何環境、任何時候、任何的方，都可以做得好生意。」

久保田一平以退休後的年齡尚可以大幹一番，年輕的朋友要想有所作爲，只要開動腦筋，又何愁沒有機會呢？

43.「吸菸有害健康」的眞實目的

眾所周知，吸菸有害健康。世界上許多國家，都禁止在公眾場所吸菸，並且規定不得做香菸廣告宣傳。

然而，英國有家煙草公司卻在「禁止吸菸」的宣傳中動腦筋，採取欲擒故縱的策略，結果大獲全勝，使自己的產品迅速占領了國內市場。

英國某菸草公司專門生產一種名爲「阿巴杜拉」的烈性土耳其式捲菸。爲了擴大這個產品的影響力並打開銷路，該公司跟地鐵公司商定，在地鐵列車窗上「禁止吸菸」的字樣下面用括弧括寫一行小字：「連阿巴杜拉也不行。」

這招似乎也是在警告人們「吸菸有害」，吸「阿巴杜拉」香菸也同樣有害，但它卻引起眾多「癮君子」對這個牌子捲菸的青睞，因「弦外之音」反而爲其抬高身價，使它贏得了市場。

市場千變萬化，商品競爭異常激烈。如今，不少商品已從賣方市場轉變爲買方市場，如果仍然沿用「坐等」的傳統方式銷售，其結果必然是「束手待斃」。

大方責己收服人心

44.以退為進

大家都知道，廣告是商業營銷活動中常見的一種宣傳形式，通過宣傳商品的優點，以引起人們的購買慾望。但你知道嗎？還有一種廣告專門揭自己的「短」，宣傳自己商品的「壞消息」。這就是致歉廣告。有用嗎？

一九八七年五月，某省食品廠在報上登了一個奇特的告示，告示內容是這樣的：

致廣大消費者：

本廠「康力」營養米粉近來在市場上嚴重缺貨，給群眾生活帶來極大不便，許多群眾紛紛來電話責問。另外，本廠區居民亦對來本廠接貨的百餘輛汽車堵塞交通十分不滿。本著為人民服務的原則，本廠特登報公開解釋道歉。本廠康力米粉缺貨有三個原因：一是購買康力米粉的消費者增多；二是本廠生產線陳舊，產量增長幅度小；三是本廠銷售科科長李力強擅自批發五十噸給零售商。目前正加緊安裝、調試新引進的生產線，投產後產量預計可提高三倍，基本上可以滿足群眾的需要。另外，我們已經給李力強同志以行政處分，並撤銷其銷售科長職務。

這則告示看上去像是「揭短露醜」檢討書一般，卻產生了意想不到的效果，該廠庫存積壓的數十噸康力米粉一售而空。告示隻字未提康力米粉如何有營養，如何暢銷，但妙就妙在通過「銷售科長擅自批發給零售商高價出售」、「舊生產線」、「阻礙交通」三個基本事實，向廣大消費者暗示「康力米粉」十分走俏，於是人們從不知到知之，從平淡態度到積極購買，從而打開銷路。

人們的心理有一種十分微妙的現象，即暗示心理，有時總會不自覺地受他人態度的影響，見到廣告後，總要受廣告中涉及的多數人的態度制約，不自覺地就要跟著致歉廣告造就的氛圍走。

當然，我們不能用這種方法將假冒僞劣商品推銷給廣大消費者，這是一種不道德的欺騙。但是，對於優質的商品，從宣傳藝術的角度來看致歉廣告不失爲一個以退爲進的妙法。

除了有意造成一種暗示的致歉告示外，如果經營上確有漏洞，與其遮遮掩掩不如大大方方地廣而告之，以求得消費者的諒解。比如：某洗衣機廠接到顧客投訴其產品品質問題的信件，經查是裝卸過程中的過失，於是公開登報致歉。這則心誠意眞的廣告非但不會使該廠的產品銷售下降，反而會有上升的趨勢。這是因爲廣大消費者透過這則廣告看到該廠服務大眾的誠意和對質量重視的程度，因此，人們對廠商十分放心。

45. 自曝其醜不是醜

有家生產散熱片式電暖氣的公司，雖然屬省優產品，但仍能找出一些問題，該企業在不斷改進的同時，還把產品的缺點告訴消費者。如2％的螺旋精度沒有達到國際標準，4％的漆面刷得不夠均勻，使用了合金材料價格偏高等等。公司提醒客戶在購買時千萬認眞挑選，以免在登門爲顧客更換時耽誤了顧客的寶貴時間。

這家公司把產品的缺點告訴消費者，不僅沒有影響產品市場，反而促進了銷售。從表面上看是企業在自曝其醜，實際上是從另一個角度宣傳了產品。這種做法，至少有以下幾點好處：

一是企業眞心把消費者當成上帝，企業亮自己的短處給消費者，表明誠實可信。

二是可以不斷提高產品質量，企業注重挖掘產品的不足，能夠想方設法改進，應用高新技術開發新產品。

三是可以更直接地獲得來自消費者的意見和建議，有利於改進產品的不足。事實上任何產品都不會是完美無缺的，都會存在這樣或那樣的不足，更由於消費者層次和要求不同而形成對產品的需求不同。

為此，把產品的不足告訴消費者，會取得比正面廣告要好的效果。然而，我們一些商家在這方面卻缺乏自知之明，有些商家對產品只挑好的說。如果換個角度，站在消費者的立場上，把自己產品的缺點告訴消費者，也許一樣能夠取得意想不到的銷售效果。

46.有理也得讓人

張廠長接待一位前來投訴的不速之客李先生。李先生怒氣沖沖地對張廠長說：「你們的美容霜，乾脆叫毀容霜算了！我十八歲的女兒用了你們的『美達青春霜』後，面容受到很大破壞，現在連門都不敢出，我要你們負責！我要你們賠償我們的損失！」

張廠長聽完，稍加思索，心裡明白了幾分，但他仍誠懇地道歉：「是嗎？竟發生這樣的事，實在對不起您，對不起您的千金。現在當務之急是馬上送孩子去醫院，其他的事我們回頭再說。」

李先生本來是想罵一頓出口窩囊氣，萬萬沒想到廠長不但認眞，而且眞的挺負責任。想到這裡，既高興，又感激。說到做到，廠長親自陪同他們父母去醫院皮膚科檢查。

檢查的結果是，李先生的女兒皮膚有一種遺傳性過敏症，並非由於護膚霜有毒所致。醫生開了處方，說過兩三天會痊癒的，不會有任何後遺症。

這時，父女的心才放下來。只聽廠長又說：

「雖然我們的護膚霜並沒有任何有毒成分，但令千金的皮膚產生不良反應，我們是有責任的。因爲雖然我們產品的說明書上寫著『有皮膚過敏症的人不適合用本產品』，但小姐來購買的時候，售貨員肯定忘記問是否皮膚過敏，也沒向顧客叮囑一句注意事項，致使小姐誤用這種產品。」

李先生的女兒聽到此話，拿過美容霜仔細看一下，果然，包裝盒上明確說明哪幾種人不能用，只怪自己沒詳細問清或看清就買來用了，心中不禁有些懊喪。廠長見此情景便安慰她：

「小姐，請放心，我們曾請皮膚科專家認眞研究過關於患有過敏症的顧客的護膚品問題，並且還開發了好幾種新產品，效果都很好，等過兩天您痊癒之後，我派人給您送兩瓶試用一下，保證不再會出現過敏反應，也算我們對今天這件誤會的補償。您看如何？」

結果自然朝向好的事態發展了。

這件事本身，廠商沒有任何責任，完全是由於顧客粗心所致。但是，廠商並不這麼看，顧客粗心固然是事實，但如果我們在銷售過程中再細心一點，不就可以避免這樣的事情發生嗎？另外，一開始廠長心裡已明白幾分，可能是小姐皮膚過敏所致，但是這要有確鑿的科學證明，顧客才能消除誤會。爲了對顧客負責，爲了弄清癥結所在，當聽到李先生投訴時，便當機立斷陪李家父女去醫院檢查，取得有力的證據。

最後，「有理更讓人」，廠長向李家父女解釋清楚誤會後，不但沒有絲毫責怪李家父女的意思，還向李家父女繼續賠不是，贏得他們的好感。

當聽完顧客的投訴後，如果責任確在我們，我們應毫不猶豫地向顧客表示歉意，並提出補救的辦法。但是，雖說顧客就是「上帝」，但「上帝」也有搞錯的時候。如果是由於顧客的責任而發生的誤會該如何處置呢？

首先，仍耐心聽取顧客投訴，弄清責任的歸屬。產生誤會後，要婉轉解釋，但絕對不要正面批評顧客。當顧客鄭重其事地向我們投訴時，即使是他發生了誤會，我們也絕不能直截了當地對他說：「不，先生，那是您誤會了，絕不會有這種事。」或者：「先生，您有沒有搞錯啊！我們公司怎麼會讓這樣的產品出廠？」

這樣，更會加深誤會與不滿，擴大顧客的憤怒情緒。結果要是顧客發生對抗心理，就糟透了。所以說，作爲推銷廠商，對因誤會而投訴的顧客採取「有理更讓人」的推銷術是很具有普遍意義的。

47.「逆中求順」的促銷高招

深圳一家公司的童車打入英國市場後，一次，由於該公司童車鋼圈受壓變形，致使一名愛爾蘭女孩摔傷住進醫院。在公司企劃顧問的策劃下，總經理立即親自飛往倫敦，在主要媒體刊發啓事，聲明對所有售出的單車的質量安全負責，並對存貨進行質最安全檢驗。當地媒體對此事給予了充分的關注和報導。結果，該公司在海外的信譽大增，次年英國代理商的訂貨增加了八萬五千輛。

同樣的事可能有多種方法解決，既贏得他人賞識，又給自己帶來收穫的兩全齊美的對策才是我們眞正要找的。

48. 暴露缺點，反向推銷

推銷員不僅要有豐富的專業知識，向人們展示商品的性能和特點，而且要有敏銳的洞察力，判斷顧客是否需要自己的商品，同時，還要瞭解消費者的心理特徵和防禦能力，對不同類型要分別對待，充分贏得顧客的信任和情感。只有這樣方可稱得上是一個標準的推銷員。

人無完人，金無足赤，不論什麼樣的商品都會有優點和缺點。有的推銷員對自己的商品誇誇其談，大肆渲染；有的推銷員把別的同類商品進行比較，攻其一點不及之處；也有的推銷員故意暴露自己商品的某些缺點，把顧客的眼睛引向這些微不足道的方面，這種主動暴露缺點的推銷技術，常常會獲得成功。

一位因某事不得不男扮女裝的音樂家意外地得到某個老富翁的青睞。音樂家設法拒絕，故意大談自己的缺點。誰知說得越多，對方越欣賞。音樂家無奈地講身體有很大缺陷，百萬富翁卻以爲是不治之症，倍加憐愛。音樂家迫不得已只好扯下假髮，露出禿頭，大叫道：「我也是男人。」從這部美國喜劇片可以看出，那位音樂家似乎不善於洞察人心的微妙之處。那是因爲一般人看到人家顯示一些小缺點，便不會注意其他缺點。例如：某人故意表現某種缺點，引起人們注意，那些不如意的地方反不受注意。音樂家不瞭解這種心理，先說出缺點，富翁不以爲然，再故意多講，則被認爲是眞誠和謙虛。如果要讓那富翁死了求婚的心，只須露出花枝招展下的粗腿和大腳板，僅此一點，足以令老富翁怒形於色。

當然，社會上這種陰差陽錯的事情還很多。像從媒人嘴裡說出來的話更不能輕易相信，從他們嘴裡講出來的女性都是國色天香且性格溫柔的美人。稍有頭腦的人一想就知道，這種維納斯般的女孩一般用不著介紹，可偏偏有些不知斤兩的男人一聽與自己所想的老婆模式正吻合，便激動不已。如果眞的見上一面，那女子非老即矮，只好敗興而歸。不過，老練的媒人很厲害，一開始便說：「那個姑娘個雖不高，但……」把顯而易見的缺陷輕鬆提一下後，再強調很多優點，由於男方有了一些心理準備，這種相親往往很成功。高明的推銷員絕不會長篇大論地先誇一通所推銷的商品，而是先提一兩點缺點。不動產推銷員開始便介紹這塊土地的光照和噪音的問題。結果買主到現場一看，覺得並沒有想像的那樣嚴重，馬上就有了買的意思，而離車站很遠等一類缺點反倒沒太在意。

由此可見，作爲一個推銷員，不僅要深諳推銷之道，而且要懂得心理學的一些知識，方能百戰百勝，所向披靡。

Part 2

銷售服務

當顧客猶豫不決時，作為營業員，該如何向顧客減壓呢？讀了本篇文章，你會悟出其中的道道來…

解除顧客疑慮

49. 學會給顧客減壓

當顧客猶豫不決時，作爲營業員，該如何向顧客減壓呢？讀了本篇文章，你會悟出其中的道道來。

顧客的購物心理是根據商品的等級、品種的式樣和價格的高低變化而決定的。一般說來，男士爲女士買東西既隨意又大方，女士買東西喜歡挑挑揀揀，討價還價。假如碰到購買耐用消費品，諸如汽車、摩托車、彩電、冰箱、洗衣機、音響等等，那就慎重多了。不但會全面地從外觀到性能逐一瞭解，而且還會深入地進行對照和比較。這是因爲他們此時的心理壓力很大，一旦有了失誤，就會產生遺恨和後悔。作爲推銷員，一定要把握住良機，盡量減輕他們的心理壓力，促使他們下定決心。

青年人大都希望有套音響設備。廠商迎合顧客心理，準備了各式各樣的音響，眼花繚亂的式樣，眞叫人難以選定。有一位朋友，是一個標準的音響迷。在一排排音響店中，他挑中一架與願望相符的機型，卻又被另一個更棒的新機型迷住了，難下決心。他左思右想，在幾家音響店裡走來走去，某家店員說：「我看你猶豫了大半天，這不是一筆小數目，你再到別家去看看。」他再度多處瀏覽，最後還是回到這家商店，毅然買下。聽了這則小故事，你一定相當佩服那個店員吧。他若說：「你在本店買決不吃虧，買下來吧！」顧客一般不會買。要知道：強迫猶豫不決的人下決心，心理負擔反而更重，更猶豫畏縮。使顧客減輕壓力，讓他輕鬆選擇會更有利於己方，與其希望迅速做出決定，不如讓他慢慢選擇。

一些顧客，你勸他買，他掉頭便走；你若主動介紹各種商品的性能，他就會感激你的指導；你大膽地建議他到其他店裡觀看比較，他會更加信任你。雖然也去了別家商店，但最終很可能又回到你這裡買他所需要的商品，原因就是你爲他減輕壓力，他給予了回報。

50.「誘導」使人心迷

一個優秀的推銷員，不僅要有戰略上的口才，更要緊的是有誘導人心的技巧。

當你要對一件事物作決斷時，往往會遇到難題，於是你便無法下結論，此時，最需要的是旁人有力的忠告。利用這種心理，我們可以巧妙地運用一些說服術。

比如，某傢具店內有顧客正爲買張桌子而舉棋不定時，老闆如果對他說：

「圓桌有圓桌的好處，而方桌也有它方便的地方。」

這筆生意就絕對做不成了。老闆要是這樣說：

「像您這樣的人，我認爲方的比較適合，因爲方的與您個性頗能匹配，若買下還可以作個永久紀念。」

顧客聽了這一番話，馬上會從猶豫不決中解脫而買下它。

這種說服口才爲推銷的秘訣。

現在我們聽聽一個現任刑警怎麼說。他迫使嫌疑犯認罪的秘訣是對他說：

「我相信你一定會承認，以往我遇到的嫌疑犯沒有一個不招供的，我認爲你也不例外。」

若是嫌疑犯眞的犯過罪，此刻一定會考慮是承認好還是不承認好呢，此時，刑警更須不斷反覆地巧妙運用這種說服法來逼迫他，自然就能將他逼到非承認不可的心境。

這種說服方式，使惶惶不安的嫌疑犯內心產生一種自己的心思早被看透，無法隱瞞的感覺。當他聽到對方又斷言說「你的答案只有一個」時，不穩定心理必然會崩潰，而終於承認犯罪事實。

當人面臨兩個或兩個以上的選擇時，往往是意志力最弱的時候，推銷者若能抓住這一點，不失時機地誘導對方或建議對方，成功的概率較高。如本例中，當顧客對選擇圓桌還是方桌舉棋不定時，若服務員也使用中庸的語言，顧客就會去別處選購，而這時若給他推薦其中的一種，則極有可能成交。

51. 抓住心理，動之以情

將心比心的理論去感化對方的情感之門，從而悄悄地進入「目的」地。

一個賣寶石或毛皮的推銷員對一個正在猶豫不決的主婦說：

「你用這些東西一定能使你更加美麗，而你先生也會更喜歡你。」

這句話的含義是說你這麼做並非全是爲了自己，同時也爲你先生。她必定極樂意買下，如果更進一步地說：

「即使你買了它，若想脫手也能高價賣出，這樣對於你的家，又何嘗沒有幫助。」

對方一聽，必定會認爲她買下這個東西並非爲她一個，也是爲了家等等。

這種方法並非只適用於市場。古代一位地方官吏有一次想沒收所有農民的刀槍鐵器等，但遭到了農民們的激烈反對。此時，若以強制的手段必定引起農民的反感，於是他靈機一動說：「這次我要將這些收來的武器用來製造寺廟用的器材、鐵釘等，使民眾得以供奉。並且爲了國家，爲了全民，更需要百姓專心於耕作上。」於是農民們便心甘情願地將武器交出。

本來那些農民不肯交出武器，但經地方官曉以大義，便覺得沒什麼不可爲而交出持有的武器。

一個人可能會同時具有相信人、但不完全相信別人的兩種心態。謹愼而固執的人，多持不信任人的態度，並以這種心態來左右自己的行爲。他並不是沒有相信別人的意念，但他更具有希望人家能信任他的強烈意念。對於這種人，就得事先爲他設計一套理由：「你這麼做，不但對你自己，對他人也是有幫助的。」以此來曉以大義，方能將他說服。

52. 步步爲贏

有時，顧客出於對產品質量、信譽的疑慮，拒絕我們的產品或服務，有的還可能說出一些刺耳的話來。

面對這種情況，爲了順利地推銷我們的產品或服務，爲了維護我們企業的形象，有必要從正面對顧客不實的批評進行辯駁，從而消除他們內心的疑慮。

有一對正準備結婚的戀人，來到某某電器集團公司的展銷部購買電冰箱。這小兩口，圍著某某牌電冰箱轉了好久，男的正準備掏錢付款的時候，女方突然改變了主意：

「我看，我們還是去買日本東芝冰箱吧！」

「怎麼你又變卦了，原來不是說好的嗎？」

「我看這種國產冰箱質量不保險，不如日本的好。不過是多花千把塊錢就是了。」

這時候，站在一旁接待他們的售貨員，眼看到手的生意沒了，心想自己方纔那麼耐心地給他們解說都白搭了。心裡一急一氣，便脫口而出：

「得了，得了，你早說不買，就別問這問那。日本的好，你們又有錢，去日本買好了，幹嗎上這兒來？」

這兩口子，給售貨員這麼一激，轉身就想走。這時候，門市部主任微笑地走了過來。「兩位請留步。我有幾句話要對兩位說。」

這對男女不由自主地又轉過身子，臉上一付氣鼓鼓的樣子。

「眞對不起，方才我們的售貨員說話沒有禮貌，冒犯了二位，這都怪我這個主任，平時教育不嚴，我向二位賠禮道歉。」

這倆口子聽他這麼說，才平息了怒氣。

「至於買不買我們的冰箱沒有關係，只是有一件事要向二位討教一下。」

聽到「討教」二字，小兩口眞的認眞起來了。

「方才這位小姐說，我們的冰箱質量有問題，是否可以具體說明一下，也便於我們改進工作。」

小姐冷不防給主任這麼一問，一時不知如何作答，遲疑了一會，才呑呑吐吐地說：「我也是聽人說，東芝的冰箱好。」她指著冰箱背後的散熱管，繼續說：「這些彎彎曲曲的管子都露在外面，也不好看。」

主任聽她這麼說，心中明白了幾分。

「小姐，這完全是誤會。當然，東芝電器歷史長牌子老，有許多優點。但是，我們國產冰箱近些年來也有很大的進步，你們方才看到這種冰箱，正在走向國際市場。」

小兩口將信將疑，主任接著說：「我們的冰箱，經過周密的計算，將散熱管暴露在空氣中，散熱的速度可提高一倍。由於熱量散得快，所以冰箱內部製冰的速度快，達到提高效率、節約電能的目的。實驗結果表明，與同等容積的密封式相比，我們耗電量僅是它們的三分之一。如果一天省半度電，小姐請你算一下，一年省多少電費？」

主任換了口氣繼續正面進攻：「至於說到美觀，這是不必要的顧慮。因爲散熱管在冰箱背後，緊靠牆壁或在牆角之間，對於正面觀看，毫無影響，請兩位放心。」

這位小姐竟無話可說。這時主任發動進攻：「我看這樣好了，你們若信得過我的話，下午我派車給你們送去。喏，這是單據，請到那邊取發票的保修單。」

就這樣，主任巧妙地挽回了敗局，促成了生意。主任正面擊退的不是顧客，而是顧客由於疑慮而產生的責難。這是經商常用的「反敗爲勝法」。

53. 讓他自己得出有利於你的結論

某單位原考慮向一家汽車製造廠購買一輛四噸型車，後來爲了節省開支，又打消了主意，準備購買另一家的兩噸型小卡車。汽車製造廠得知這一消息後，立刻派出有經驗的推銷員走訪該單位的一位主管，瞭解情況並爭取說服該單位仍舊購買該廠的產品。這位推銷員果然不負眾望，馬到成功。他們的談話是這樣開始的：

推銷員：「您需要運輸的貨物平均重量是多少？」

主管：「那很難說，兩噸左右吧！」

推銷員：「有時多，有時少，對嗎？」

主管：「對！」

推銷員：「究竟需要哪種型號的卡車，一方面要根據貨物的數量；另一方面也要看在什麼公路上行駛，您說對嗎？」

主管：「對。不過…」

推銷員：「假如您在丘陵地區行駛，而且在冬天，這時汽車的機器和本身所承受的壓力是不是比平時的情況下要大一些？」

主管：「是的。」

推銷員：「據我所知，您單位在冬天出車比夏天多，是嗎？」

主管：「是的。我們夏天的生意不太興隆，而冬天則多得多。」

推銷員：「那麼，您的意思就是這樣，您單位的卡車一般情況下運載貨物爲兩噸，有時會超過兩噸，冬天在丘陵地區行駛，汽車就會處於超負荷的狀態。」

主管：「是的。」

推銷員：「而這種情況也正是在您生意最忙的時候，對嗎？」

主管：「是的，正好在冬天。」

推銷員：「在您決定購買多大馬力的車時，是否應該留有一定的餘地比較好呢？」

主管：「您的意思是…」

推銷員：「從長遠的觀點來說，是什麼因素決定一輛車值得買還是不值得買呢？」

主管：「那當然要看它能正常使用多長的時間。」

推銷員：「您說得完全正確。現在讓我們比較一下，有兩輛卡車，一輛馬力相當大，從不超載；另一輛總是滿負載甚至經常超負荷，您認爲哪輛卡車的壽命會長呢？您在決定購買什麼樣的卡車時，主要看卡車的使用壽命，對嗎？」

主管：「對，使用壽命和價格都要加以考慮。」

推銷員：「我這裡有些關於這兩種卡車的資料。通過這些數字您可以看出使用壽命和價格的比例關係。」

主管：「讓我看看。」（主管埋頭於資料中）

推銷員：「怎麼樣，您有什麼想法？」

主管自己動手進行了核算。而這場談話是這樣結尾的：

推銷員：「如果多花五千元，三年營利十來萬，還是值得的，您說是嗎？」

主管：「是的。」

上述的例子中，一件瀕於絕境的生意，靠這位推銷員的三寸不爛之舌挽救回來了。假如這位推銷員不是用提問的方法，讓顧客自己否定自己的意見，而是針鋒相對地與顧客進行辯論，逐一批駁顧客的看法，那會導致什麼樣的結果呢？生意肯定告吹。因此，推銷員不但要會說，而且要講究說的藝術。

54. 贏得他的心

一位保險公司的推銷員，建議王先生爲他的獨生女投保五年，等五年期滿，正是孩子上大學的時候，得到的保險金正好可支付女兒讀大學的部分費用。

王先生非常疼愛自己的女兒，早就決心勒緊褲腰帶也要送女兒讀大學。聽到推銷員這一建議，非常高興，很快就辦妥了投保的手續。手續辦完後，推銷員對王先生說：「恭喜王先生，您爲千金的深造與將來當博士當教授的遠景，提供了確切的經濟保證。」王先生也眉開眼笑：「我女兒將來讀上大學，還眞得感謝您才是。承您貴言，眞有那一天的話，我一定請您坐上席。」

另一位廚具推銷員，向一家承包經營的飯店經理推銷了價值五千元的整套廚房設備。

交款提貨後，推銷員對飯店經理說：「劉經理，恭喜您，您不但有先見之明，在這個旅遊勝地承包了這間飯店，而且在全市您也是最先徹底更新廚房的設備。我相信這閃閃發光的廚房，定能使您賓客如雲，生意興隆。到時可別忘了我呀！」

劉經理開心地哈哈大笑：「我下星期一正式開張，屆時請您多帶些朋友來捧場！到時我會派車去接您！」

以上兩個例子說明，一次成功的訪問推銷，不但能贏得生意，而且還能贏得顧客的感激。

這些成功的推銷員大都掌握了面談的一個要訣：不是我們硬要向顧客「賣」我們的產品或服務，而是顧客眞想「買」。

因此，在進行訪問推銷的面談時，務必注意以下三點：

第一，將顧客原先沒有感到需要（實際上他客觀存在著這種需要）的，或未想購買的產品和服務，經我們面談說服後使之接受我們的建議。

第二，使對方不是一次性地接受局部，而是連續地接受，直至購買。

第三，也是最重要的，使之接受購買的不僅是我們所提供的商品或服務本身，而最緊要的是它們的效用，並使顧客得到滿足。

美國學者史賓塞．強森和勞利．威爾遜所著的《一分鐘銷售員》一書中指出：「人們並不是想要買我們的服務、產品或主意。他們眞正要購買的，是他們想像中的、使用了這些商品之後，所獲得的感受。」

面談推銷的實質，是使對方購買，而不是在於我們業務的銷售。

也許有人會發生疑問，「買和賣是相對的行爲，對我們來說是賣，對顧客來說則是買，上述的說法不是詭辯嗎？」的確，如果籠統地談買賣雙方，他們是相對的，但是我們的行爲目的是讓顧客買我們的東西。生意能否成功，全在於對方樂不樂意購買，而不是我們樂不樂意推銷。

因此，如果強調我們的賣，顧客只能被動地買；如果我們把面談的重點放在「買」字上，那麼，顧客在這場交易中就處於主動的地位。由於他們處於主動，那麼，「買」就是他們自己的意思，他們從中得到的滿足就是無限的。

只要看看我們周圍的人們在購物後的言論，就會領會這一點。

「我昨天買部電視。」

「我今天買了台全自動洗衣機。」

「我打算買一台電磁爐。」

他們不會說：

「昨天商店賣給我一部電視。」

「今天百貨公司賣給我一部全自動洗衣機。」

「商場準備賣給我一台電磁爐。」

其實，就是三歲的孩子，都希望由自己去決定一件事情。這就是推銷面談的眞諦和訣竅，誰掌握了它，誰的推銷工作就會成功。要想知道如何去銷售，只需設身處地想一想自己和別人喜歡用何種方式來購買就行了。

爲了達到這個目的，我們在與顧客的談話中就要處處留神，不能代顧客做決定，我們只能在引導上狠下工夫，做到引而不發，絕不能流露出絲毫的強迫之意，最後的決心應由顧客作出決定。

55. 讚美孩子，感染購買情緒

有一天傍晚，天氣又悶又熱，店裡來了一對夫婦，帶著一個活潑可愛的小女孩。女士想買一套女式西裝。老闆叫售貨員去替她挑選，在挑選的當兒，老闆把話題轉到了小女孩身上，問她「幾歲了」，「嗓子這麼亮，唱支歌兒給她們聽，好不好？」女孩媽媽一邊試穿衣服，一邊叮囑自己女兒：「快告訴阿姨，五歲了，唱支歌給阿姨聽。」小女孩就蹦蹦跳跳地在店堂裡唱了起來，店主不住地誇獎她。當她又一次蹦跳在媽媽跟前時，看到她媽媽已試穿好了一套合身的西裝，小女孩讚美道：「媽媽眞漂亮！」女士一聽，歡歡喜喜地下了購買的決心。

這時小女孩的爸爸也說：「幫我也選一件休閒裝吧！」店主在貨架上找了找說：「適合你穿的暫時還沒有，希望你留個電話，如果貨到了，我會及時和你聯繫。」他愉快地答應了。

又唱又跳了好一會的小女孩這時渴了，店主倒了一杯水給她，說：「喝一口水吧！這比飲料好喝多了。」喝完水，小女孩和她父母帶著西服滿意地回家了。

以讚美顧客的孩子爲促進銷售的突破口，使孩子愉悅的情緒感染父母，父母的愉悅又極大地促進了他們的購買行爲。在實際營銷活動中，服務提供者和顧客之間的關係與互動是銷售的重點，而顧客之間的關係與互動也同樣會影響一個人的購買行爲，這一點也是不可忽視的。

讓服務不只是服務

56. 請客上門主意不錯

中國有句話：「請財神進門。」無外乎，就是今天的商家的請客之道吧！這「客」便是「財神」也。

某市有一個大商城，由於種種原因，建在一個並不繁華的地段，遠離鬧市區，每天來光顧的人很少。經理雖想出了抽獎、改善售後服務等方法，但收效甚微。最後，商城改變了思路，決定主動出擊，變死守櫃台爲請客上門。他們推出了「夜間班車」，免費接送到商城購物的顧客。與此同時，他們還在繁華的街頭、居民小區、市郊區鎭建立了多個接待站，保證在最短的時間內把顧客送到商城，等顧客在商城買完東西後，又把他們原路送回。

這種請客上門的方法很快取得了效果，商城的名聲叫響了，顧客絡繹不絕，取得了很好的效益。

在生意場上，要讓顧客買你的商品，首先是要打動顧客的心，讓顧客願意掏出兜裡的鈔票。香港商人中流傳這樣一句話，不會談戀愛的人就不會做生意。這話是有道理的，談戀愛要以感情打動異性的心，做生意也要以情意打動顧客的心。

現在，隨著市場經濟的發展，人們的消費觀念也更加成熟。一些簡單的、傳統的售後服務已無法適應顧客們的要求。於是，一些有經營頭腦的經營者在改進和完善售後服務的同時，還把服務工作引到了銷售台前，想盡辦法請客上門。

57. 優質的服務，高額的回報

如果你在英國，那麼你一定乘坐過英航的飛機，因爲它是英國最大的航空公司。

英國航空公司是世界上歷史最悠久，也是名聲最大的航空公司之一。然而它的第一次行使民間航空使命的是一架經過改裝的DH4A單引擎轟炸機，它的第一批乘客是兩名男士及十幾隻將成爲法國大飯店名菜的松雞等。但目前英航擁有兩百多架各種型號的客機，定期飛往歐洲、中東、遠東、大洋洲、南非、東非、北美和南美等七十二個國家和地區的一百四十八個航空港，航線總長五十四萬多公里。在英國國內，英航有定期班機飛行本土十六個城市，每週航班多達一千零五十架次。

可是，在八〇年代初，因爲在他們的服務詞典中沒有顧客這兩個字，使得國營的英國航空公司在國際民航業中的名聲一落千丈，年虧損額高達兩億美元。面臨破產的危險。

八〇年代初英航國內航線上，在一個多小時的飛行中，幾乎沒有任何服務。有的旅客問航空小姐爲什麼沒有服務，得到的是冷冰冰的回答：「對不起，先生，這是國內航線。公司的政策就是這樣規定的。」當時，有些旅客就很不滿意，抱怨說英航比香港國泰等航空公司的服務態度差遠了。

然而到了八〇年代後期，這種情況卻大爲改觀，旅客們都有賓至如歸的感覺。此時，英航已舊貌換新顏，成爲世界上最有聲譽的航空公司之一了。

一九八一年，爲了改變英航每況愈下，一團糟的局面，當時的英國首相柴契爾夫人力排眾議，任命資深的英國工業家約翰．金擔任英國航空公司的董事長。金上任開始，就立即著手改變舊的管理方式，大刀闊斧地採取了一系列改革措施。他首先削減公司員工。緊接著，他斬斷了英航與一位老關係戶之間無用的業務聯繫，並與一些有作爲的公司建立了聯繫。他採取的另一個重要措施就是在一九八三年任命了經驗豐富的銷售專家柯林．馬歇爾擔任公司的總經理。

馬歇爾果然身手不凡。在任期的第一年中，他大膽解雇了一百多名不懂業務和市場銷售知識的高級經理人員。同時，他組織了一個六人小組，專門負責制定使英航脫離險境、扭虧爲盈的計劃。爲了讓旅客對變化的英航有個深刻印象，英航特地重新油漆了飛機，重新設計了員工的制服和公司的徽章，並把公司的座右銘改爲「飛行．服務」。

一九八四年，英航又引進了丹麥時代經理公司開創的調動僱員積極性的計劃，名曰「把人放在第一位」。讓員工參與到企業的經營管理之中，讓員工認識到自己與企業的關係，從而保證服務質量，提高競爭力。

一九八七年，英國航空公司實行私有化，有百分之九十四的員工購買了公司股票。

由於採取了上述措施，公司員工的精神面貌和工作狀態煥然一新，爲英航的「再生」奠定了基本。

敢於下大本錢，不斷改善服務質量，推出服務新招，是英航近年來打翻身仗的另一個訣竅。例如，把服務重點放在有利可圖的二等艙上，在頭等艙內使每個乘客都有一台螢幕，有五十種節目供其選擇。

一九九五年，英航又宣佈將於同年十月開始在部分飛機上開設臥鋪服務，從而使這種「古老」的飛機服務項目重新復活。這種新式臥鋪服務爲旅客開設一個單間，並配有折疊躺椅、小椅子，折疊桌、平面電視等。

在二十世紀的三、四零年代，許多飛機上設有臥鋪，因爲當時飛機速度慢、飛行時間長，從英國飛往澳大利亞需要四天時間。但自從噴射型飛機問世以來，由於飛行時間大大縮短，這項服務曾一度消失。多年後的今天，隨著經濟和科技的發展，越來越多的旅客在飛機上使用便攜電腦等現代辦公用具工作，他們當中有的需要更舒適，可以使人睡眠的環境，以便一下飛機就精力充沛地投入工作。爲了方便這些旅客，英航想得很周到，重新開設了臥鋪服務。

英航十分注重信譽。一九八八年，英航一架大型客機僅載一名旅客照例飛行，一時成爲國際民航史上的美談。

英航顧客服務部經理邁克・斯特里說，自一九八七年實行民營化以來，英航進行了「一場革命」，在爲顧客服務方面變成了一位「革新者」。英航的顧客讚許率直到八〇年代末一直都在大幅度上升。因爲顧客對英航期望的提高及其它的競爭者急起直追，英航必須再從頭開始，才能在激烈的國際民航業競爭中處於不敗之地。

一九九五年，英航制定了一項名爲「二千年的領導地位」的新計劃，其主要內容是用新世紀的新態度，改變管理方式並恢復英航的競爭優勢。目的不僅是保證顧客的讚許率維持持續上升的趨勢，也是爲了使公司的管理人員爲更加激烈的競爭做好準備。

因爲根據英國工業家、投資商和報導企業活動的工商記者投票決定出一年一度的質量管理獎評比結果，英航僅名列第三位。所以「兩千年的領導地位」還意味著英航必須要成爲英國管理最好的公司。這需要公司負責人把工作重點放在班機準點率、工作人員對乘客是否熱情歡迎等方面。

作爲這個新計劃的一部分，英航還決定管理人員必須學會自己處理人事問題，可以對他們的人員有較大的控制權，例如允許他們僱用公司體制之外的約聘職員。

英航從八〇年代的教訓中深刻體會到，必須把爲顧客提供優質服務作爲公司的最大出發點。也就是說一切以顧客的利益爲公司服務的指揮棒。

作爲英國航空公司這樣一個老牌公司來講，他們經歷過由於疏忽服務而導致的經濟與名譽損失，這樣才使他們明白服務對於航空公司的重要意義，從而改善並提高服務水準，因而贏得了良好的聲譽與利益。所以，周到、獨特的服務是非常重要的。

58. 麥當勞的經營之道

爲了方便顧客用餐，麥當勞速食連鎖店一律採取「自助」的形式。顧客只需排一次隊，便可將食品帶走。即使在生意最忙的時候，麥當勞也保證只需一兩分鐘，就能將熱氣騰騰的速食送入顧客手裡，通常也能保證客人有用餐的座位。

在美國，高速公路四通八達，爲了滿足出門在外的乘客所需，讓他們有個休息和吃飯的場所，麥當勞還在高速公路兩旁和郊區開設了許多分店，並且距店面十來公尺的地方設置對講機。對著對講機報上所需餐點，等車開到小窗口，則可一手交錢，一手取貨，並可馬上驅車上路。爲了讓顧客攜帶方便，他們事先把賣給顧客的漢堡和炸薯條裝進塑料盒和紙袋，使食品不致在車上傾倒或溢出。甚至連飲料杯蓋也都預先劃好十字口，十分方便顧客。

麥當勞處處爲顧客著想，爲了便於顧客辨認或尋找，他們的門面都是十分醒目和引人注意的。他們的方法，一是讓麥當勞的服務人員都穿上有明顯花紋的制服；二是讓麥當勞店門上都掛上耀眼的拱形「M」字霓虹燈標誌，使慕名前來的顧客無須費勁就可找到。

除此之外，麥當勞速食連鎖店還以家庭消費爲主，使家庭省心、省力、省時，更使每一個進餐者都有一種賓至如歸的感覺。與其說越來越多的消費者去麥當勞是因爲他們的漢堡好吃，更不如說是爲了去感覺家庭生活的樂趣，在人情味漸淡的美國更是如此。

59.史密斯的高明之處

在西方，人們稱有道德、有感情的推銷員是高明的人，因爲他們很重視維持好買賣雙方的關係，照顧雙方的利益，使買方很滿意，推銷員自己從中也獲得了豐厚的利益。就以美國道奇汽車公司的頭號推銷員史密斯爲例：在美國，推銷一輛車只能賺幾百美元，而且國產車不如外國車好賣，然而史密斯卻於一九八六年掙了十七點五萬美元，而且賣的全是美國貨。

史密斯成功的關鍵就在於：不但在出售貨前爲顧客提供周到的服務，而且在做完買賣後，他總是記著老顧客，盡力幫助他們，所以史密斯的顧客幾乎全是回頭客，買過他東西的人總喜歡來找他，或者推薦別人來。

有一次，史密斯接到一位老顧客的電話說，他辦了一家汽車服務公司，接送病人去醫院，剛巧，他的「道奇」車的汽化器壞了，附近又找不到配件。史密斯二話沒說，放下電話，就把陳列室的一輛汽車上的汽化器卸下來，親自開車送給那位顧客。不久後，該顧客從他手中買走了六十三輛加長型房車。

在企業經營中，通過售後服務，維持企業信譽，從而得到顧客對企業和商品的信任。

60. 以「修」促銷經營旺

安徽阜陽全國名優電冰箱銷售維修中心，在「修」字上下功夫，努力搞好售後服務，解除消費者維修困難的後顧之憂。

電冰箱體積大，搬運難，路途遙遠的用戶、家住高樓的用戶，一旦冰箱出了毛病就犯愁。爲此，維修中心把登門服務作爲始終如一的制度，用戶只要捎個信，打個電話，修理人員就會登門維修。盛夏酷暑是冰箱使用的高峰期，爲了不影響用戶的使用，修理人員身背工具包走家串戶，常常忙到深夜方歸。打鐵要靠砧子硬，這家中心針對中國大陸電冰箱工業起步晚、發展快、修理人才缺、用戶擔心修理的狀況，及時擴大定點保修範圍，先後與二十多家冰箱廠達成保修協議。投資十幾萬元，興建了一條阜陽地區最大的冰箱修理作業線，購置了先進的冰箱測試設備，擴大了修理能力，提高了修理技術的品質。

先進的設備、嫻熟的技能、專業的技術使這家維修中心遠近聞名。外地及鄰省的用戶經常慕名前來求修，就連一些冰箱經銷企業也要求他們代理維修。

良好的售後服務，使這家銷售維修中心自營銷售的冰箱在當地同行業中一枝獨秀，門庭若市，看不到半點市場疲軟的跡象。

61.揚長避短，強化服務

位於河南省鄭州市鬧區的鄭州市鐘表眼鏡批發商店，是全國八大眼鏡店專業店之一，過去一直壟斷著鄭州市及周圍地區的眼鏡銷售市場。

當這家批發商店還在悠然自得地吃老本的時候，它的周圍先後冒出了十幾家個體眼鏡鋪和不少地攤，有的乾脆堵住了批發店的門口。這些小老闆進店轉一圈，出門就把自己的眼鏡降低了標價。他們打出了「配鏡迅速、立等可取」的促銷手段也很奏效。就這樣，個體經營者憑其本小靈活、嘴甜貨廉的優勢同時堵住了鄭州市鐘表眼鏡批零店的財路。

一向老大自居的鄭州市鐘表眼鏡批發商店，面對「圍攻」，冷靜地分析了市場形勢，並根據自己的優勢，制訂了「揚長避短、強化服務」的戰略。

個體戶的優勢是進退自如，訂價靈活，但他們一般缺乏專業的技術，配鏡技師無保證，也無力造成經營上的聲勢。針對這些情況，該店制訂和實施了如下的策略。他們縮減了低檔眼鏡的銷售量，以避開個體戶訂價靈活的優勢；增強了中、高檔眼鏡的花色、種類。

由於一般顧客不大懂得配鏡的技術，他們便在報紙上、電視上展開了宣傳攻勢。一是宣傳配鏡的基本知識，使顧客瞭解到配鏡不適將給眼睛造成的傷害；二是宣傳本企業的信譽及提供的優質服務。

在廣告宣傳的基礎上，他們開展了「兒童眼鏡百日服務」的活動。兒童配鏡減價一半，免費驗光，並聘請了三位眼科專家全天候診，爲兒童提供免費配鏡咨詢，保證兒童配上適宜的眼鏡。

此外，他們還專門購置了五輛摩托車，爲兒童把配好的眼鏡送至家門或學校，大大方便了顧客。

這一系列措施，安排得細緻、周密，一環緊扣一環，讓顧客在不知不覺中被吸引住。

伴隨著擴大知名度、提高銷售量的結果，還培養了一批未來的顧客——兒童。於是，鄭州市鐘表眼鏡批零商店的復甦是可想而知的了。

62. 設身處地爲顧客著想

某地南方大廈，制定了許多方便顧客的服務措施。他們不僅向顧客提供「送貨到府」、「到府維修」等服務項目，而且還制定了這麼一條規定：凡在該商店購買的電視機，如果在保修期內壞了，一時修不好的，可以先從該店抱一台同樣的電視機回去使用，直到修好了再換回來。

商店爲此專門準備了五十台電視機作周轉使用。他們還規定：凡外地顧客，不便將電視機送回廣州保修的，他們即將2％的維修費退還顧客。

這些規定看似平常，但細緻入微，眞正是體察到了用戶的心理，所以非常受用戶歡迎，有些用戶的電視機壞了，寧肯捨近求遠，把電視機抱到這兒修理。在企業經營中，關鍵在於通過優質的售後服務，對顧客無微不至的關懷，讓顧客眞正體會「顧客第一」的感覺，從而樹立企業良好的信譽，使顧客對企業和商品加以信任，達到營利的目的。

諸位看官，這裡面是誰想著誰了。

63. 鬻馬饋纓佔先手

鬻，賣也。馬賣出去以後，隨之把披在馬身上的漂亮的帶子贈送給買主。企業營銷中的「纓」泛指售後服務。美國企業家吉拉德曾爲他的發跡訣竅自豪地說：「有一件事許多公司沒能做到，而我卻做到了，那就是我堅持銷售眞正始於售後，並非在貨品出售之前。」這種始於產品銷售之後的營銷謀略，稱之爲「鬻馬饋纓」，也有人稱之爲「第二次競爭」。

世界上許多優秀的企業無不注意這種售後服務。如美國的凱特皮納勒公司是世界性的生產推土機和鏟車的公司。它在廣告中說：「凡是買了我產品的人，不管在世界上哪一個地方，需要更換零配件，我們保證在四十八小時內送到你們手中。如果送不到，我們的產品就白送給你們。」他們說到做到，有時候爲了把一個價值只有五十美元的零件送到邊遠地區，不惜用一架直升飛機，費用竟達兩千美元。

有時候無法按時在四十八小時內把零件送到用戶手中，就眞的按廣告說的那樣，把產品白送給用戶。由於經營信譽高，這家公司經歷五十年而不衰。

再如日本的日立公司，有一次，一名美國遊客在東京日立公司的售貨點買了一台組合音響，買後發現裡面漏裝了配件。他本打算第二天去退貨，沒想到日立公司的人卻連夜找上門來，爲他補了配件，並再三道歉。原來，音響售出後，日立門市部也發現了遺漏的配件，於是連夜向東京各旅館查詢，仍未找到這名美國遊客。他們又根據這名顧客留下的一張美國名片，查詢到他在美國紐約的父母電話號碼，通過聯繫，終於弄清了這位遊客在東京探親的地址。

國外在售後服務的「第二次競爭」上，用心良苦，可見一斑。

64. 吹冷西裝，促進銷售

炎熱的夏季是西裝的淡季，很少有顧客購買西服。一天中午，店裡進來一位顧客，在衣架前慢慢瀏覽，不時用手摸一摸，看一看。正在猶豫不決時，一位店員適時上前，耐心地爲他介紹西裝的款型、衣料，這位顧客有點心動了，提出要試一試，但同時臉上又流露出了嫌熱、怕麻煩、不想試的表情。聰明的店員連忙把西裝拿到空調底下吹了吹，然後遞到顧客面前讓他試穿，那位顧客被店員的細心、耐心打動了，試穿了西裝，然後很爽快地買了下來。

在西裝銷售的淡季，珍惜每一位光臨商店的顧客，以細緻和耐心來打動顧客，也是促進銷售的一種良好方式。

促銷的本質並非只是打折、讓價，而是在於溝通，是訊息的交流，是情感的互動。這種吹冷西服的促銷辦法正是以人與人之間的情感互動爲出發點，以心交心來促成銷售的成功的。

65.卡隆門電器無限期保修營銷術

家用電器結構複雜，因此商店出售家電產品一般都有一定的保修期。這不足爲奇，但如果有人告訴有一定商店的保修期沒有時間限制，你一定會在驚喜之餘選擇這家商店去購買。瑞典的卡隆門商店正是這樣一家商店。

卡隆門公司，是一家以經營家用電器爲主的公司，規模雖不十分龐大，但經營卻相當可觀。究其原因，是它那「無限期保修」的營銷策略，誘惑了顧客。多年來，只要是卡隆門公司出售的商品，只要不到報廢的程度，保證永久負責免費修理。就此一招，就深得人心，在顧客的心中樹立了值得信賴的形象。

一九八四年的某一天，有一位家庭婦女手持一個一九五七年在該公司購買的電熨斗來該公司的電器修理部，要求修理。這只電熨斗很快修好。這位家庭婦女高高興興地回家了。三個月以後這位婦女的電熨斗又壞了。

這時她已不想再修了，準備買只新的，想到卡隆門信守「無限期保修」的諾言，就又跑到該店買了一隻新的電熨斗。還有一位先生從卡隆門公司購置了一套家電設備。因使用不當出了毛病，本應送去修理，又怕拆裝過程會損壞設備零件，最後，卡隆門公司上門修理，往返多次，從不厭煩。有一次修理中一個維修人員偶然發現這位顧客家附近就有一家電器商店，覺得非常奇怪，就問他爲什麼不從這裡購買，而捨近求遠，這位先生回答說，因爲你們是無限期保修啊。

「無限期保修」使卡隆門公司獲得了顧客的信賴，名聲也越來越大，銷量也越來越多。

66.讓服務獨具特色

一九九二年，中國大陸的店家瘋狂舉行抽獎促銷活動，史無前例、登峰造極，特別是到了年末，幾乎達到了白熱化的程度。大多數的商業企業一方面在忙年終的抽獎促銷，一方面正雄心勃勃的準備著新的一年更具刺激、更有魅力的大獎促銷活動，似乎不提供豐厚獎品進行活動就無法生存。可就在這時，太平洋國際超級購物中心的老闆卻獨具慧眼。表面上，在忙一九九二年年末的巨獎銷售的同時，四處與商業同行們信心百倍的展望一九九三年的商品抽獎活動，而實際上他早就看到了這種活動的不足和致命弱點，因此正在提高營業員素質和組織物美價廉商品上下眞功夫。結果，一九九三年新年來臨之際，他們推出的並非一哄而上的商品抽獎，而是第一流的優質服務和實實在在物美價廉的商品，商品銷售額直線上升，一炮打響，令同行目瞪口呆。

在市場競爭中，運用「明修棧道、暗渡陳倉」這一戰術，主要有兩種做法：一是利用假象「麻痺」消費者，使其購買本企業的產品或要求本企業提供勞務，以占領市場；另一種做法，是利用假象「轉移」競爭對手的注意力，適時推出獨具特色的經營方式或產品、勞務以爭取市場競爭的主動權。試想，如果太平洋超級購物中心的老闆，不是在一九九二年年終一面佯裝對一九九三年贈獎銷售活動充滿信心，另一方面實實在在「搞眞貨」、「練內功」的話，哪有一九九三年初太平洋超級購物中心的生意「紅火」呢？

67. 醉翁之意不在酒

打草驚蛇計也可用於化妝品行業。目前國內廣告宣傳支出最龐大的是化妝品行業，各家化妝品公司每年都支出巨額宣傳費用來推銷其產品。這一方面說明化妝品市場的廣闊；另一方面也說明化妝品市場競爭之激烈。雖然還沒有人把化妝服務提到議事日程上來，而實際生活中消費者對化妝諮詢服務的要求是普遍存在的。現在有許多女性化妝已成一種習慣，但化妝技術卻極不得法，本來不錯的臉蛋，眉描得太黑，唇塗得過紅，粉塗得不勻，看起來好像是在跟自己過不去。爲什麼沒有人幫幫她們？

美國有數以千萬計的職業女性，她們工作繁忙，生活節奏快速，無暇留意服飾、髮型、化妝潮流的最新信息，但又深知個人形象在社會生活中占有極重要的地位，因此，十分需要專家的諮詢服務。這種需要刺激了美容諮詢行業的興起，也爲化妝品和服裝開闢了穩定的市場。

這種諮詢服務分爲衣著諮詢和容顏諮詢兩大類：容顏諮詢專家按照顧客皮膚、頭髮、五官及眼睛的色澤，替她們選擇衣服顏色和化妝品。專家們還制訂了一份「顏色表」，讓顧客知道哪些顏色適合自己，購買衣物和化妝品時帶在身邊，隨時參考，以便挑選。

而在美國紐約曼哈頓區，有一家享有盛名的形象諮詢服務公司，這家公司的核心人物是一位名叫愛米蓮的華裔美國人。早年她曾在康乃爾大學攻讀心理學，造詣頗深，後來，又長期在百貨店、時裝店和時裝雜誌社工作。豐富的閱歷使她獨具慧眼，能根據顧客不同的年齡、身材、長相等因素，迅速準確的提出「最合適服裝」的合理化建議。

愛米蓮的服務對像主要是婦女，服務過程是：先和顧客詳談一小時，以瞭解「背景」，然後訂出「草案」，最後再花一天時間陪顧客到各家時裝店選購，試穿各類服裝。

許多婦女認爲，接受愛米蓮顧問的建議後，獲益匪淺。一位在某大公司擔任要職的婦女過去常常因衣著過分花俏而降低了威信，她在接受愛米蓮的指導後改變了服裝，很快成爲一位德高望重的領導者。有位形象不佳而長期找不到合適工作的婦女，在愛米蓮的幫助下，搖身一變成爲「楚楚動人」的女子，很快被一家有名的商店錄用。還有一位因服裝不得體而引起丈夫反感的婦女，在愛米蓮的建議後重獲丈夫的溫情。

眞正面對消費者，幫助消費者的諮詢服務，不僅能促銷產品，而且本身也是很有前景的行業。那些形象設計服務公司的諮詢服務眞正的目的即推銷自己的化妝產品。

68.迂能勝直

中德合資的上海大眾汽車有限公司生產名牌轎車桑塔納，他們在中國大陸各大、中型城市建立了兩百多個特約維修站，擁有訓練有素的售後服務人員五百多位，爲用戶提供規範化的售後服務（熱情服務、上門服務、二十四小時服務），上海大眾在全國三資企業評比中多次被確認爲銷售收入第一、經濟效益第一。德方經理說：「售後服務是競爭的武器。」

上海上菱電器股份有限公司實行產品「三年包修、十年保修」的售後服務，被消費者譽爲「買『上菱』就是買放心」。一九九三年夏，山東臨沂發生水災，很多用戶冰箱進水，棗莊市上菱維修站聞訊後跋山涉水，趕到臨沂，用烘乾機爲各家烘乾冰箱，使冰箱恢復正常運轉。臨沂市政府送給上菱一面錦旗：「上菱產品名揚四海，上菱服務情意更濃。」

69.「關門捉賊」式服務

隨著社會的發展，人們需求的增加，爲客人規劃一系列的整套服務方式很受顧客歡迎。例如生日服務。

即使在一個較小的城市，甚至一個居住區，幾乎每天都會有人過生日。過生日難免比平日更爲奢侈一些，室內裝飾、親朋好友送的生日禮物，及其他用於生日祝福所需花銷的費用都頗爲可觀。

精明的商人就抓住這個大市場，有人就開設生日餐廳、生日商店等，爲慶祝生日的人們提供全套一流的服務：開設生日宴會、生日派對、生日照相錄影服務、出售生日禮物、卡片和生日精製蛋糕（可塗上顧客所指定的賀詞）等等。

人們一旦過生日，只要去逛生日商店，一般的生日物品都配備齊全。生日餐廳、生日商店可別出心裁的裝修門面，加上精美的室內設計和珍奇商品，即使是不過生日的顧客也會被吸引進去的。

同生日服務一樣，新婚服務也富有魅力。美國有家公司專門爲新婚夫妻提供無微不至的服務。比如，婚前，公司及時製作和送上精美華麗的結婚禮服，製作發送全部的婚宴請柬，並主辦婚宴；結婚時，公司送給新婚夫妻一件很有紀念意義的禮物—印著他們結婚照的兩個餐盤和一副刀叉；度蜜月時，公司根據他們開列的清單，把所有的生活必需品送到新房去；甚至到妻子懷孕後，公司又立即派人送上有關懷孕知識的小冊子以及其它必要的物品，以此作有關商品的推銷，等等。

周到上乘，免除了顧客新婚前後許多麻煩瑣碎事情的煩惱，可一心一意共墜愛河，這家公司的生意很是興旺。這完全是「關門捉賊」的巧妙運用。

灑香餌，願者上鉤

70.變形金剛橫掃中國市場

「擎天柱」、「威震天」等動畫形象在螢幕上變形、翻飛、打鬥，讓成千上萬的中國兒童顧不得吃晚飯也要看完《變形金剛》節目。之後，美國孩之寶（Hasbro）跨國公司生產的玩具——變形金剛，就像北美大陸的颶風，橫掃中國兒童玩具市場。

原因何在？與其說它有什麼魅力，不如說美國孩之寶公司的銷售服務功夫到家。

早在一九八六年，「孩之寶」的變形金剛在美國賺了十三億美元後，就開始在美國市場滯銷了，於是美國人瞄準了擁有三億兒童的中國市場。爲了推銷變形金剛，美國孩之寶公司派人在中國進行了長達一年之久的市場調查後認爲：中國獨生子女令父母們捨得投資。

由此孩之寶公司做出結論：變形金剛這種玩具雖然價格高，但在中國的大城市會有廣闊市場。孩之寶公司先將一套《變形金剛》動畫系列片免費送給廣州、上海、北京等大城市的電視台播放，這些便成了不花錢的廣告系列片。《變形金剛》的內容充滿了工業社會的智慧、熱情、幻想，爲孩子們帶來了啓迪和樂趣，在眾多孩子的腦海中留下了深深的烙印。之後，變形金剛從螢幕上「下來了」。孩之寶公司將變形金剛投放中國市場，孩子們簡直像著魔似的，買了「變形金剛」還嫌不夠，還要再買兩本《變形金剛》畫冊。

明眼人在「金剛之役」中不難看到，售前服務的重要性絕不亞於售後服務。孩之寶公司售前仔細的市場調查，巧妙的電視片宣傳爲其產品的銷售鋪墊起一條坦坦大道，而有事半功倍的效果。

71. 有獎酬賓，以小博大

做生意，討價還價是難免的。討價還價的實質是多爭取利益，而爭取顧客也是為了利益。有時候，你必須一反常規，用利益招攬顧客，這是行之有效的營方法。解放前，一些商店常貼出「流血大削價」、「自殺大拍賣」、「賠本大降價」這類的海報，這無非是一種經營的方式，可稱為分利式推銷。今天，中國大陸的國營、集體企業也開始學習「利益」招攬顧客，盛行的有獎大酬賓，收益不小。

在墨西哥一個叫奧萊拉的超級市場裡，有個頗有趣的招攬顧客的怪招。凡是在該市場購貨的顧客，走到出口處收銀機前，都按一下顯示燈的按鈕，若是綠燈亮了，這次購買的貨物不論多少全部免費；若亮的紅燈，就得付清貨款才能出去。外國有的銀行信用卡也是每月搖獎，只要中獎，本月信用卡所購的貨款全部由銀行支付。

某大廈是著名的白酒廠創辦的企業，出了件很犯忌諱的事情——被查獲出售假冒商品，商廈的信譽受了影響。為了扭轉企業「公共形象」，以求在激烈的競爭中不被「吃掉」，大廈利用各種媒體大造輿論：獎賞偽劣商品舉報者，鼓勵顧客參與監督。此舉高潮未落，又推出有獎銷售，將寫著特等獎獎品字樣的一輛九人座房車停在大廈前。正如MBA碩士梅先生所說：商戰爆發了。其他同行經受不住銷售額驟降的巨大壓力，也開始

「東施效顰」，手段有過之而無不及，獎勵酬碼越來越高，獎勵花樣越來越新奇，金項鏈、彩電、住房、轎車…一個高過一個。大廈平時日營業額八九萬元，實行有獎銷售後，猛增到二十多萬；大廈前那輛火紅的「桑塔納」給以無限的眞實感和難以抗拒的誘惑，換獎券的櫃台被人們圍得水洩不通，就連值班經理台最後也變成了換獎券的櫃台。大廈的生意也因此大大興旺起來，最高時，一天的營業額達到四十五萬元。

「拋磚引玉」法，讓顧客明白自己可能得到的利益，從而積極消費。企業雖然讓出了一部分利，但招攬來的生意卻遠遠超出讓的部分，隨之而來的是營業額成倍的增加，資金流通加快，企業的知名度提高。

72. 小恩小惠促銷術

無功不受祿，無勞不受惠是起碼的為人原則。因此，有些公司便利用這一點，在生意還未開始做的時候，先請客人吃頓飯，或者先送一點小禮品給客戶，先以人情打動人，提高買賣成交率。

每個精明的賣主都知道，飯菜的好壞對買主都是有影響的，凡是帶客戶出去吃飯的賣主都做對了，曾經走紅的步鑫生就極有見地。他說，客戶大老遠的來，吃不舒服還有心思做生意嗎？略施小惠也往往會影響到重大的生意。一個五金電器公司便曾以十塊錢的小恩小惠賺回了大筆的金錢，凡來者，免費贈送十元錢的紀念品。曾向該公司的負責人請教，為何要把錢白白地送給別人呢？他告訴我，他是根據下列的原則才這麼做的：因為一般人都喜歡貪小便宜，可是他們又決不願平白無故地接受別人的東西，因此他們就會以盡義務的態度來參加銷售會，甚至會敞開胸懷來傾聽對方的解說，惟有如此，他們才會覺得受之無愧。而一切結果也正如他所說的，「那些平白接受了小惠的人往往會假意告訴自己和那些推銷員，他們是因為眞正對商品感興趣，才來參加這次推廣銷售會的」。只不過區區十塊錢，使原來懷疑的大眾變成了積極的聽眾。物美價廉的好食物、一個美好的晚會以及一些小恩小惠並不是賄賂，提供這些平常的招待，它們的目的只是要使買主更能接受賣主的訊號而已。那些吝於支出酒餐費的公司，只會徒然增加銷售方面的困難，相比之下，不肯花錢的賣主，實在太不明智。

小恩小惠的推銷術只用於增加感情上的交流，一時也許會獲得良好的效果，但很快會被他人倣傚，因此，必須經常改變方式，交替使用，方可取得良好的效果。

73. 投其所好賺錢術

第二次世界大戰後的日本陷入窮困的深淵。人們索求的不再是神聖的天皇御旨，而是實實在在的溫飽。剛剛從西伯利亞戰俘營回國，骨瘦如柴的坪內壽夫，雖胸懷大志，卻只能協助父母經營一家小電影院。少得可憐的觀眾使一家人的生計相當困難。觀眾就是施主，觀眾就是上帝。坪內壽夫制定了一個吃小虧、佔大便宜的「五加五等於二十五」的戰術，改變了傳統的一場電影只放一部片子的習慣，改為一場電影放兩部片子。觀眾在佔便宜心理的驅使下，紛紛到影院看電影，這就使票房收入大為提高。不久，坪內壽夫便積下了一筆可觀的收入。

日本經濟恢復，文化事業百廢待興。坪內壽夫看準了這一勢頭，傾其所有，別出心裁的辦起了一座電影大廈。大廈分為放射狀的四個座椅舒適的影廳。這樣一來只用一間放映室、同一個入口，既節省了僱員，又能使不同情趣的觀眾各自欣賞自己所喜愛的影片。為了使醉心電影而流連忘返的觀眾盡情享受，大廈設了冷飲店、咖啡店、快餐廳以及美觀清潔的衛生設施。在日本，像這樣的電影大廈當時還是絕無僅有的，如雲如潮的觀眾懷著各種各樣的心理走進了這座大廈。僅僅五年，這座大廈使坪內壽夫成為當的赫赫有名的電影皇帝。口袋裡有了足夠的金錢，取得了社會的認可，坪內壽夫再也按捺不住在企業界一試身手的夢想。

後來，坪內壽夫又用「投其所好」的戰略在造船業、汽車出口貿易中創造了輝煌的業績。

「投其所好」的「置餌」之術，關鍵是要善於把握「好」。「好」就是人們的需要、興趣和愛好。經商者要清楚的瞭解消費者的「好」，把握住消費者需要什麼、喜歡什麼、對什麼感興趣，這是經商者成功的前提條件。有了這個前提條件，接下來就要採取措施加以迎合，迎合就是「投」，「投」的惟一原則就是讓消費者的「好」得到滿足。

在商戰中，「投其所好」的應用是十分廣泛的，不僅在產品的生產上，而且在商品的廣告、標價、營銷上也被廣泛應用。

74.「老介福」的傳統

在中國近代企業發展史上，不少民族工商業者都很重視銷售宣傳，造勢取勝。為提高自己企業和產品的知名度，他們積極運用各種媒介，創造出鶴立雞群的廣告方式，從而獲得了很高的效益。

「老介福」綢布店是上海一家較有特色的布店，在一九三五年搬入新建的大樓。為了擴大影響，店家利用新店開業時機，大肆宣傳。整個商店裡噴灑香水，並免費供應參觀者茶點，免費供應購貨者精巧小物。不久，他們便承接了兩家旅館的全部窗簾、床單、沙發罩、台布等訂單。

為了藉機擴大影響，他們認眞研究，做好精心準備，採用高級絲織品做面料，並專門為這些飾品設計了別具一格的各種圖案。交貨後，旅館老闆非常滿意。不僅獲得了一筆厚利，而且引起了旅館房客的極大觀注，紛紛詢問生產廠家。

從此，「老介福」的聲譽，不脛而走，傳遍全球，連電影大師卓別林也慕名向該店訂貨。「老介福」綢布店的生意從此蒸蒸日上，興旺異常。

75. 放小魚釣大魚

經商需要一些有利的戰機去引導消費者的視野和心智。

放棄只是暫時的，爲了更大的收穫，我們必須在「信用」這張箋條上簽上眞誠的名字。

有一個叫阿牛的青年，做家庭用品通信銷售。首先，他在一流的婦女雜誌刊載他的「八元商品」廣告，所登的廠商都是有名的大廠商；出售的產品皆是實用的。其中大約20%的商品進貨價格超出八元，60%的進貨價格剛好是八元。所以雜誌一經刊登，訂購單就像雪片般多得使他喘不過氣來。

他並沒什麼資金，這種方法也不需要資金，客戶匯款來，就用收來的錢去買貨就行了。

當然匯款越多，他的虧損便越多，但他並不是一個傻瓜。寄商品給顧客時，再附帶寄去二十種二十元以上五百元以下的商品目錄和商品圖解說明，再附一張空白匯款單。

這樣雖然賣八元商品有虧損，但是他以小金額的商品虧損買大量顧客的「安心」和「信任」。顧客就不會在戒懼的心理之下購買較昂貴的東西了。如此昂貴的商品不僅可以彌補八元商品的虧損，而且可以獲取很大利潤。

就這樣，他的生意就像滾雪球一樣越做越大。一年之後，他設立一家AB通信銷售公司。再過三年後，他僱用五十多名員工，一九九九年的銷售額多達五百萬元。

他的這種銷售法，有著驚人的效力。這位先生起初一無所有，可是不出幾年，就偷天換日般地建立起他的AB通信銷售公司。當時他不過是一個二十四歲的小伙子而已。

76.「盯人之術」戰之必勝

爭取顧客就等於爭取市場佔有率。誰擁有市場，誰就立於不敗之的。經營者想得到顧客就要像虎口奪食般的去爭取他們，作爲經營者應當瞭解「緊迫盯人」法。

一九七〇年，京山英太郎興建了一座游泳池，這座游泳池位於京阪電氣化鐵路線牧野站前方，這是一座可以同時容納一萬人游泳、既巨大又豪華的游泳池。

然而，問題是就在牧野站靠大阪方向的前一站牧方站，已有一個由京阪電鐵自己經營的游泳池。對來自大阪的遊客來說，英太郎的游泳池比牧方站游泳池遠了一站。這還不說，最傷腦筋的是，京阪電鐵利用車上的播音設備，大力宣傳：「下一站是牧方站，牧方游泳池就在那裡。」於是乎，旅客自然而然的在牧方站下車。

京山英太郎感到問題的嚴重性。爲了扭轉的理上的劣勢，從虎口奪走京阪電鐵的旅客，惟一的辦法是使遊客知道牧方站的下一站牧野，有一個比牧方站還好的游泳池。要達到這個目的，最有效最簡捷的辦法是在遊客最多的京阪電氣火車車站內多做廣告。能夠做到這一點，那麼，即使車長一再宣傳「下一站是牧方游泳池」，也會有人想到牧野遊泳池看看。

可是，京阪電鐵當局拒絕接受做車廂廣告。在走投無路的情況下，英太郎只好不惜花血本，親自帶上十二名職員，在一個星期天的傍晚，到牧方站，在由牧方游泳池中盡興而歸的人群中，散發牧野遊泳池的免費入場券。

免費入場券的分發，真可說是立竿見影，從第二天開始，來英太郎游泳池的人數直線增加。即便這樣，英太郎也沒有放鬆他的行動速度。第二個星期天，他繼續帶領職員，在牧方站向那些剛從游泳池出來的嬉水客們，散發他的免費入場券。

這個戰術的效果非常理想，京阪電鐵的車長們，儘管聲嘶力竭的宣傳：「下一站是牧方游泳池！」遊客們大都充耳不聞，牧方游泳池的遊客銳減，而英太郎的游泳池則門庭若市，熱鬧非凡。

終於，京阪電鐵受不了了，要求英太郎停止發放免費入場券的活動。英太郎想，如果這時候提出車廂廣告的建議，對方仍會感到猶豫。於是，他絕口不提車廂廣告的事，改用漫天要價的手法，他說：「可以考慮你們的建議，但是希望你們今後不要在車內廣播『牧方游泳池』的詞句。如果無意改變播音內容，那麼，在車抵牧野站前，希望也能替我們廣播一下，以示公允。」對於這個建議，電鐵方面當然大搖其頭，哪有代替商戰對手做廣告宣傳的傻瓜呢？於是，英太郎裝出一臉委屈的神態說：「既然你們有困難，我也無意強人所難，但最低限度，你們應該同意讓我在車廂把手上做些廣告。」不得已，京阪電鐵方面怕節外生枝，立即接受了這個建議。從那以後，牧野遊泳池的泳客與日俱增，一年接近二十五萬人次，這個數字相當於整個夏季到富士山觀光的總人數。

英太郎採用盯人辦法，將宣傳廣告具體呈現在顧客眼前，從而擴大本企業的影響，戰勝了競爭對手。

77. 謹防奶酪裡的金幣

有位西方經濟學大師說過：想發財的心理是現代人最健康的心理。有人對這話只是聽聽罷了，聽過就算了，而有的人便會利用這一心理大做文章。立普頓便充分利用人們這一心理發了大財。

有一年聖誕節，德國商人立普頓先生爲使代理的乳酪暢銷，就想歐美傳統的聖誕節前後所吃的蘋果若含有六便士的銅幣，明年將終年吉利如意。立普頓從中受到了極大的啓發，於是他在每五十塊乳酪中挑一塊裝進一英鎊金幣。同時用輕氣球從空中散發傳單，造成聲勢，以廣招買客。於是成千上萬的消費者在氣球的震撼與金幣的誘惑下，湧進了賣立普頓乳酪的經銷店，人們都想買有金幣的乳酪。這跟一個在糖果上包一枚小便士的美國糖果商一樣，吸引了許多人，造成熱銷，帶來了巨額利潤。

立普頓的發達遭到了競爭對手的忌妒，他們向法院控告立普頓的做法有賭博的嫌疑。

立普頓並沒有因爲對手的抵制而退縮，反而以退爲進，在各地經銷店張貼通知：親愛的顧客，感謝大家愛用立普頓乳酪。但若發現乳酪中有金幣者，請將之退回，謝謝您的使用。立普頓乳酪敬啓。果不出立普頓所料，消費者不但沒有退還金幣，反而在「乳酪金幣」的聲浪中踴躍前往購買。蘇格蘭法院也認爲純粹是娛樂活動，也不再加以干涉。

立普頓的競爭對手仍不肯罷休，又以安全理由要求法院取締這次危險活動。在法院再度調查時，立普頓乳酪又在報紙上刊登了一大頁廣告：「法院又來一道命令，故請各受用者在食用立普頓乳酪時，注意在裡面可能有個金幣，不可匆匆忙忙，應十分謹愼小心，方不至於呑下金幣，造成危險。」

結果是顧客更多，競爭對手也無招架之力了。

立普頓巧施連環計，不僅讓競爭對手招架不住，更讓顧客招架不住，最後是自己忙得不亦樂乎。

78.欲取故予

在激烈的市場競爭中，有一些精明的企業家往往採取欲取故予、先賠後賺的高明的營銷謀略。

美國有一家藍吉化妝品公司，以「高品質、低價格、多品種」的策略吸引顧客，第一年賠了一百多萬美元，卻給廣大客戶留下了「貨優價廉」的好印象，顧客紛紛求購，這時，該公司才將售價恢復到同行業同等產品的價格水平，第二年賺了兩百多萬美元。

杭州中藥二廠研製出「青春寶」，向香港工商會終身名譽會長蔡德河老先生請教，如何去美國打開銷路？蔡老先生建議：可在美國各大城市的高級賓館中設專櫃免費贈送，使美國人對青春寶的作用有切身體會。該廠廠長馮根生經過認眞考慮，決定免費贈送青春寶五萬盒，價値數千萬元。這樣做是賠了大錢，卻使青春寶名聲遠揚，不僅在美國，先後有四十五個國家八十七家公司要求經銷、代銷青春寶，獲得利潤幾億。

一九九一年底，杭州娃哈哈果奶研製成功，準備投放市場，該集團在報上登了三天廣告：憑廣告可免費領取果奶一瓶，該集團準備了三十萬瓶果奶，嚴陣以待。廣告登出，立刻產生轟動效應，第一天發放了十四萬瓶果奶，第二天又發了二十萬瓶。原定只發放三天的日期不得不延長到三十天，在報上又登出緊急啓事：保證「有票必有奶」，結果發放了五十萬瓶。這種果奶一上市，立即供不應求，拉貨的汽車在工廠門前排成長隊，先付款，後提貨。娃哈哈果奶風靡全國，賺了大錢。

生產「潔爾陰婦女清潔液」的四川恩威公司董事長薛永新制定的營銷策略是先賠後賺三部曲，他說：產品要佔領市場，必須唱三部曲，第一部讓消費者知道它，第二部讓消費者瞭解它，第三部才是賺錢曲，先賠後賺，不賠不賺，越賠越賺。爲了唱好這三部曲，一九九一年該公司出資四百二十萬元，與全國婦聯等七個單位共同主辦「恩威杯全國婦女衛生保健知識大賽」，發出問卷一億份，回收六千萬份，六千萬人通過答卷，程度不同地提高了對衛生清潔的知識，對「潔爾陰」有了進一步認識，「潔爾陰」成了她們的日用必備品。該公司一九九三年銷售兩億六仟萬元，比一九九零年增長了二十九倍。產品不僅暢銷全國，還遠銷泰國、馬來西亞、澳洲、美國、英國、加拿大、非洲、中東等地。

「愚者賺今天，智者賺明天」，「小錢不賠，大錢不賺」，美國藍吉化妝品公司、杭州中藥二廠、娃哈哈集團公司、恩威公司都精通賠與賺的辯證法。賠要賠得有水平，有眼光；賠要能樹立信譽，招徠顧客，賠是爲了更好的賺取利潤。

現場示範更具說服力

79. 新奇的示範操作──無形的價值

在推銷界有一句流傳很廣的名言：「即使你所出售的商品只是一粒毫不起眼的石子，但你仍須以天鵝絨包裝。」這句話的意義就在於要讓顧客相信即使是外表普通的商品，也蘊含著豐富的價值。

你的銷售動作恰恰能夠幫助顧客認識到這一點。例如，當你向顧客推銷汽車或家用電器時，絕對不可以用手敲打，而只能謹慎而細心地觸摸，使顧客在無形中感受到商品的尊貴與價值。

也許你的商品很普通，但你如果能用示範動作將商品的使用價值栩栩如生地介紹給顧客，也一定會引起注意。

舉個例子。當你向顧客推銷陽傘的時候，你乾巴巴地說上半天，倒不如輕鬆自如地將陽傘打開，扛在肩上再旋轉一下，充分地展示出傘的風采，會讓顧客留下很深的印象，從而對你的商品有了好感。

如果你能用新奇的示範動作來展示你的很平常的商品，那麼效果就會更好。例如，你在推銷一種油污清洗劑，一般的示範方法，是用你推銷的清洗劑把一塊髒布洗淨。然而如果一改常態，先把穿在你身上的衣服袖子弄髒，然後用你的清洗劑洗淨，那麼這樣示範的效果當然同前者不大一樣，它會給你的推銷帶來更多的成功。

如果你所推銷的商品具有特殊的性質，那麼你的示範動作就應該一下子能把這種特殊性表達出來。假如你在推銷一種十分結實的鋼化玻璃酒杯，你可以讓酒杯互相撞擊而不會碎，同時，你再向顧客說明這種酒杯特別適合野餐使用，他們便不會感到吃驚。又比如，你在推銷一種保險玻璃，你就應該隨身帶一塊玻璃樣品和鐵錘，當著顧客的面，用鐵錘敲擊玻璃，顧客一定會在驚訝中升起購買的慾望。當你繼續與他談的時候，你就會發現你們之間的談話是那麼易於進行，交易也就很快達成了。

80. 醜「小鴨」免費使用收效大

促銷方法多種多樣，請看下面所舉例子：

如果你家中還沒有買洗衣機，而又有髒衣服要洗，那麼你可到百貨商場，那裡有一家由XX洗衣機業者與商場合辦的全國第一家自助洗衣銷售部。

在洗衣機市場競爭非常激烈的當今，XX洗衣機業務部開始了一項塡補社會服務空白的有益嘗試——無償向百貨商場提供十台小鴨．聖吉奧牌全自動滾筒式洗衣機，供廣大消費者長期自助洗衣使用。

洗衣機業者拿出十台洗衣機，百貨商場則騰出商業黃金地段來辦自助洗衣銷售部，其中有什麼「奧祕」，且聽細細道來。

奧祕之一：它可使顧客通過親自操作，更加詳細、全面和實際的瞭解小鴨．聖吉奧牌全自動洗衣機的功能與獨特的優點。而一般的洗衣機廠只把樣品擺在商場內，顧客無從瞭解洗衣機操作是否簡捷，洗衣機是否能將衣物洗得乾淨等。讓顧客自助洗衣，在購買前先學會如何操作洗衣機，必將給顧客一種強烈刺激，當他想購買洗衣機時，小鴨．聖吉奧洗衣機必將排除其他品牌的洗衣機干擾，而成爲首選機種。

奧祕之二：拉近生產企業、銷售單位與顧客之間的距離。顧客親自操作洗衣機消除了顧客的心理障礙。通過自助洗衣建立了生產企業與百貨商場之間的交流渠道。顧客在親自動手的過程中更瞭解產品，產生親切感，從而引起購買興趣。

奧祕之三：這也是一種現場操作的實際效果廣告，並沒有「譽滿全球」之類不著邊際的虛妄之語，而是以看得見、摸得著的事實取信於顧客。

這種立竿見影的「示範推銷效應」，百分之百可以促進產品的銷售。

81.絕妙表演深得歡心

以某種意義上說，推銷員和售貨員就好比一位演員，扮演好這一角色就會促進商品的銷售，反之則一事無成。

一位西裝筆挺的中年男士，走到玩具攤位前停下，售貨小姐站起來迎上去。

男士伸手拿起一隻聲控玩具飛碟。

「先生，您好，您的小孩多大了？」小姐笑容可掬地問道。

「六歲！」男士說著，把玩具放回原位，眼光又轉向其它玩具。

小姐把玩具放到地上，拿起聲控器，開始熟練地操縱著，前進、後退、旋轉，同時又邊說著：「小孩子從小玩這種聲音控制的玩具，可以培養強烈的領導意識。」接著把另一個聲控器遞到男士手裡，於是那位男士也開始玩起來了。大約兩三分鐘後，展示小姐把玩具關掉。

「這一套多少錢？」

「四百五十元！」

「太貴了！算四百元好了！」

「先生！跟令郎的領導才華比起來，這實在是微不足道！」

展示小姐稍停一下，拿出兩個嶄新的乾電池：「這樣好了，這兩個電池免費奉送！」說完便把一個原封的聲控玩具飛碟，連同兩個電池，一起塞進包裝用的塑料袋遞給男士。

男士一手摸著口袋說：「不用試一下嗎？」邊伸出另一手接玩具。

「品質絕對保證！」展示小姐送上名片說。

一個出色的推銷員或售貨員，必須熟悉自己所賣商品的性能、特徵、優點和用途，同時還要瞭解消費對象，用最有效的巧妙語言誘導消費，並給人們留下不容質疑的印象。說實話，許多國營企業的營業員未能做到這些，站在櫃台裡，卻不想扮演這個角色，有的連慇勤待客都辦不到，如何來促銷呢？

82.「強力膠水」的推銷絕技

「強力膠水」問世後，老闆爲如何能讓他的產品爲世人所接受而絞盡了腦汁，最後，老闆終於覓得一條絕技。

老闆事先在銀飾店公開訂製了一枚價值四千五百美元的金幣，並大肆宣揚。當公眾對這枚金幣議論紛紜時，老闆又請來一批貴賓和新聞界人士，舉行了一次別開生面的「表演」：在攝影機的鏡頭前，老闆拿出一瓶「強力膠水」，小心地打開瓶蓋，將膠水塗在金幣上，然後輕輕地把金幣往牆上一貼，對貴賓和圍觀的人說：「諸位先生，諸位小姐，眾所周知，這枚金幣價值四千五百美元，現在已被我用本公司發明的強力膠水貼在了牆上。我宣佈，如果哪一位先生、小姐能用手把它揭下來，這枚金幣就將屬於他！」

老闆的話音剛落，一個又一個先生、小姐紛紛湧上前，躍躍欲試，但是，他們都失敗了。而這一切都被攝影機拍了下來並通過電視播放出去。

最後，連聞名遐邇的氣功大師也來了。只見錄影機前，氣功大師氣沉丹田，緩緩運氣，將氣凝聚在扣住金幣邊緣的五個手指上，猛地「嗨」一聲喊，只見牆壁裂出一道細縫，但金幣仍貼在牆上，閃閃發光。「強力膠水」，名不虛傳！「強力膠水」因此名揚全世界、暢銷全世界。

與來客互動，打造品牌口碑

83. 自有品牌銷售法

近來，東南亞超級市場和百貨商店風行一種「自有品牌商品」銷售法。

所謂「自有品牌商品」是指標有商店特有標記的商品。以往這種商品大都出現在百貨公司中，其最大的用途是作產品區分。由於這種商品頗具特色，因此往往比同類其他廠家的商品訂價略高。

這種做法，首先將原來自有品牌商品的高售價變爲低售價。因爲自有品牌商品完全是零售控制的，有了產品構想後，再找廠家加工，所以零售業者扣除掉代工廠商的生產費用後，還可以賺得品牌和行銷費。

其次，注重自有品牌商品在商店內的陳列。對於這些出自自家手筆的自有品牌商品，零售業者自然是鍾愛有加，因此，有些商店直接把這些商品置於同類商品中，然後以很明顯的標誌標明此商品的誘人價格，讓顧客通過現場的比價，更傾心於這種廉價的商品。

第三，講究自有品牌商品的命名。有些商店就用該商店名稱來做自有品牌商品的名稱，這種做法可以方便顧客記憶、辨別，加深對該類商品的印象。一些商店的主管人員稱：我們既然也以商店名來命名，就表示我們對自己自有品牌商品的品質有充分的信心。

至於自有品牌的選擇，各商店也頗費心機。有的商店每星期都利用電腦排列出所有商品的銷售排行榜，從其中選出較爲暢銷的商品進行開發、生產。爲了避免發生自有品牌商品與商店內同類其他商品發生爭奪同一消費者的「撞車」事件，有些廠家便選擇一些很難與其競爭而技術層次又比較高的商品作爲自有品牌，如電器、水產品等，此外，一些廠商還在商品的包裝、容量、配方上下功夫，力求與眾不同。

東南亞商店所熱衷的這種「自有品牌商品」銷售法，作爲一種促銷活動的新嘗試，在市場上引起了不小的轟動，也取得了良好的促銷和擴大知名度的效果。在今日市場上，競爭十分激烈，任何商家如要取勝，必須注意：只有「出奇」才能「取勝」。「自有品牌商品」的銷售活動不失爲一種求新、求變、求異的新思路，是頗值得我們玩味的。

84.「厚此薄彼」的柯達

柯達是風行世界的攝影器材品牌，在許多國家和地區，柯達簡直成了攝影的代名詞。但人們可曾知道，柯達獲得今天的優異成績，在行銷策略上下了多少功夫！尤其是在利用柯達相機的競爭優勢，帶動其他系列產品銷售這個方面，柯達公司更是運用得出神入化。

在六〇年代初期，柯達公司經過廣泛而細緻的調查後發現，普通消費者對照相機的要求集中起來有四項：機型要簡單輕便，易於攜帶；操作要簡便，無需測距對光，就能獲得清晰的照片；底片裝卸要便利、安全；價格要便宜，使人們承受得起。接到報告，柯達總公司當即對技術人員下達指令：「按消費者的四項要求研製新型相機。」技術人員經過努力，在一九六二年研製出「立即可拍」的柯達相機，並配有便於裝卸的底片盒。一九六三年柯達將這種全新的照相機投放市場，一九六四年便在世界各國銷出七百五十多萬架，一舉創下照相機銷售量的世界最高記錄。

一九六二年，柯達公司按既定方針及時推出「即時自動」的照相機和膠卷。由於柯達相機價格低廉、使用簡便，消費者非常樂意用它拍攝照片，所以帶動膠卷銷量猛增。又因柯達膠卷在美國的銷售價格中包含了沖洗費用，所以公司不僅銷售膠卷，同時也銷售了膠卷的沖洗服務。雖然後來競爭對手抓住這一點，控告柯達違反《反壟斷法》壟斷沖印市場，迫使柯達在銷售膠卷時不附帶沖洗費用，但其沖印服務市場並未下降多少。其實，明眼人一看便知，正是幾年前的那個重大決策奠定了今日柯達的勝局。

一九七四年以後，柯達相機大批進入台灣市場，以每架一千元台幣的價格與日本貨、德國貨展開競爭。當時，日、德兩國的照相機以結構複雜、精密見長，每架售價在數千元之上。一般消費者對他們敬而遠之，只對便宜方便的柯達相機趨之若鶩，並親暱地稱它「傻瓜照相機」。柯達相機頃刻之間就佔了上風，膠卷、相紙及相關器材的銷量也扶搖直上，獨霸市場。儘管愛克發奮力促銷，富士、櫻花不計血本降價，但總敵不過柯達膠卷的銷售量，因爲柯達相機佔了台灣家庭普及率的40％。有近半數的家庭使用著柯達照相機，他們怎麼會無緣無故地購買日本、德國的底片呢？在台灣代理各國相機公司的代理商感歎道：「柯達照相機上市之後，整個相機行業都隨之震盪。」

還是一位著名的台灣行銷學教授一語道破了柯達成功的天機：「柯達利用一種產品作爲擴充市場的先鋒，然後再以其他產品賺取市場利潤。這種厚此薄彼的做法，確實值得廣大廠商參考。」

85. 煙台啤酒進軍上海

在三〇年代初期，外國啤酒壟斷了上海市場，山東煙台啤酒廠的啤酒對上海人來說還很陌生。煙台啤酒爲打入上海市場策劃了別具一格的廣告戰。

他們徵得上海「新世界」遊樂場同意後，在上海各家大報上刊登了一條啓事：

定於某日，「新世界」按正常價格出售門票，持門票者進入「新世界」後，由煙台啤酒廠贈送印有「煙台啤酒廠」字樣的毛巾一條，可以免費暢飲啤酒，飲酒挑戰者按酒量多寡，前三名予以重獎。

啓示登出後，上海市萬人空巷，人們紛紛湧入「新世界」，南京路上人山人海，交通堵塞。狂熱的人們喝掉了四十八瓶一箱的五百箱啤酒。第二天，各大報繪聲繪色的報導了這次啤酒大賽的盛況。

不久，該廠又出新招，在報上登出一條消息：「定於星期日，煙台啤酒廠在半淞園內隱藏一瓶煙台啤酒，誰能找到，獎給啤酒二十箱，再次吸引了成千上萬的上海市民。」

眾多的上海市民參加了這兩項活動，從中感受到了很大的樂趣，這種拋磚引玉的手法爲煙台啤酒帶來了極大的知名度。

86. 林河酒廠此虧彼盈

「河南林河酒廠系列產品有獎品嚐，答對酒名者，獎一瓶酒。」

河南安陽市副食品貿易中心的這條橫幅引人注目。許許多多的行人紛紛駐足觀看，酒癮大者擠到櫃台前品酒報名，一時間好不熱鬧。

林河酒廠擺出林河特曲、大曲、二曲等六種系列產品，盛在編了號的酒杯中，供顧客免費品嚐，並要報出酒名，對答對酒名的顧客，林河酒廠要獎一瓶酒。

林河酒廠這一「拋磚引玉」策略，可謂一舉多得。免費品嚐就足夠吸引顧客了，不管是酒鬼還是小有酒癮者不掏腰包先嘗好酒，夠過癮了，這比隔瓶看酒揣想酒味來得實惠得多，更能讓顧客在多家酒廠多種選擇之中，只想買林河酒廠的產品。要是品酒的技術高，答對一兩種酒名，獲得一兩瓶作爲獎賞的酒，更是美滋滋的。有誰能保證顧客這回嘗了林河酒，下回就不買林河酒呢！按一般的顧客購物心理，當他對一種商品產生興趣時，就產生強烈的排他性，對於其他同類商品視而不見，只選購既定的商品。林河酒廠正是根據這一原理，採用品酒加贈酒的方法，對消費者施加強烈的刺激，以吸引顧客上門。

在副食品貿易中心樓上舉辦品酒加贈酒的活動，僅兩個多小時，林河酒廠就先後送出七十多瓶白酒，你說林河酒廠傻不傻呢？在一般人看來，林河酒廠這一下虧本不少，但在虧本的後面，卻藏著巨大的盈利。安陽市某酒樓經理品酒後，要求林河廠供貨；濮陽市副食品公司的業務員找到林河酒廠的負責人員要求訂貨；安陽市糖業煙酒公司經理當場表示要購進五十多萬元的林河酒，並樂意擔任酒廠在安陽市的銷售總代理。小小的品酒大會就帶來了這麼大的經濟效益。

還有比這更深更遠的意義呢！

林河酒是河南傳統名酒之一，林河特曲是國家銀質獎產品。於是近年來，假冒林河酒的現象層出不窮，市場上出現的假林河酒，損害了林河酒的聲譽。這次有獎品嚐活動可算是林河酒廠的一次有力反擊，通過顧客現場品嚐，爲消費者提供鑒別眞假林河酒的機會，讓消費者學會並掌握識別眞假酒的技能，這就使假酒失去市場，最大限度的保證了正宗產品，突出的宣傳了正宗產品。

林河酒廠此招實屬「拋磚引玉」上乘之作。

87. 吉拉德的「卡片策略」

美國有個汽車經銷商叫吉拉德，他經營汽車有十一年的時間，每年賣出的新車比任何其他經銷商都多。他成功的「謀略」就是優質、巧妙的服務，尤其是售後服務。

吉拉德說：「我是不會讓我的顧客買了車之後，就被拋到九霄雲外去的。每個月我都要寄出一萬三千張以上的卡片。每當顧客買了我的汽車還沒踏出門之前，我的兒子就已經寫好『銘謝惠顧』的短箋了。」以後他的顧客每月都會收到一封用不同大小、格式、顏色信封裝的信。

這些信別開生面，信一開頭寫著：「我喜歡你！」接著寫道：「祝你新年快樂，吉拉德敬賀。」二月，他會寄張「美國國父誕辰紀念日快樂」的賀卡給顧客；三月，則是另外一個節日的祝賀。作為顧客，不但因為買到稱心如意的汽車而高興，更感到欣慰的是公司經理與自己保持的良好關係。一有機會，這些顧客就向自己的熟人、朋友推薦吉拉德，使他的事業蒸蒸日上。

其實，吉拉德打的就是「人緣戰」。

Part3

行銷手法

然而，在現實生活中，有些營業員對於招呼語的重要性缺乏足夠的認識。他們不屑與人打招呼，他們沒有從思想上真正把顧客當成上帝，而是僅僅把顧客當成一個買者…

行銷手法・好口才廣進財源

88.生意需招呼

說一句話就能使顧客心懷滿意是誇張嗎？—並非誇張。語言不僅是人與人之間的溝通工具，更是一種產生情感共鳴的良藥。如營業員的巧妙用語，關係到整個交易的成敗與否。

在商業用語中，最常用的恐怕要算櫃台營業員的招呼語了。

然而，在現實生活中，有些營業員對於招呼語的重要性缺乏足夠的認識。他們不屑與人打招呼，他們沒有從思想上眞正把顧客當成上帝，而是僅僅把顧客當成一個買者，甚至還把主動與顧客打招呼看成是一種低三下四的表現。一旦存在這種偏見和態度，就很難使他們開啓尊口。還有的是說話方式的問題。他們不知道如何打招呼效果才好，有時甚至好心沒有好話，因出言不遜、有失禮貌而得罪顧客，影響生意。比如：有一位長者走進店來，一個年輕營業員主動地問道：「喂，老頭子，你買啥？」老人一聽這個稱呼心裡就不高興，氣呼呼地說：「不買就不能看看了！還叫『老頭子』？」

營業員的火被點了起來：「你這人怎麼不識抬舉？怎麼，你不是老頭子，難道還叫你小孩子不成？」

「你，你，簡直沒有教養，還當營業員呢？！」

就這樣，由於不恰當的招呼語而引起矛盾，話越說越難聽，把顧客給氣跑了。可見，運用招呼語是很有一點講究的，值得營業員們研究和學習。

所謂招呼語，是指顧客進店後，營業員主動向顧客發問、打招呼的用語，得體的招呼語對於塑造商店的公關形象，促進經營發展具有積極的意義。得體的招呼語表示對顧客的禮貌、尊重和歡迎，能給人以美好的第一印象，能獲得顧客的好感，使他們心裡熱乎乎的，從而創造出良好的交易氛圍。從一定意義上說，招呼語是一次交易過程的起點，它往往能爲之定下調子，甚至決定其成敗。一般說來，招呼語說得好，可以有效地激發顧客的購買慾，把他們引導到購物的過程中。彼此在感情上溝通了，就有助於買賣的成功。同時，得體的招呼還說明營業員是訓練有素的，這個商店是經營有方的，必然有助於樹立商店的良好形象，顧客是願意光顧他們認爲滿意的商店的。

89.不說沒有

作爲一家商場，最不願說出的就是顧客購買的東西沒有了。遇到這種情況，銷售員該如何向顧客坦言？

消費者中，有許多人經過長期使用，已固定購買某些品牌，特別是一些日用品。例如美加淨系列、中華牙膏系列等。隨著科技發展，一批新產品不斷問世，商店裡也購進新產品，大有推陳出新的感覺。然而消費者卻對新的產品一無所知，傳統的觀念根深蒂固，這時就要採用錯覺銷售法。

如果你開一家化妝品店，顧客前來要買她們所愛用的A面霜時，但這A面霜剛好賣光了，只剩下B面霜，遇到這種情況時你該怎麼應付呢？

「對不起，A面霜已經賣光了。」

這樣做，不僅讓顧客失望，你也做不成生意，說不定，她永遠不會再光顧。

這時應推薦B面霜。首先你就應抓住顧客的弱點：「哦，太太的右邊臉頰怎麼有些斑點？」

這樣，對方一定會產生反應。

「漂亮的女人如果有一點點黑斑也相當刺眼，我特別為你介紹近來最受歡迎的B面霜。這是某某公司的新產品，請你試試看！A面霜雖然不錯，但B面霜比它更好，很多藝術界的女士們都很喜歡它。」

你這樣懇切的口氣說不定會使對方動心。

「那麼，我也買一瓶試試。」她會這樣說。

錯覺銷售法就是使消費者重新考慮原來的消費目的，進而產生動搖，滋生出另一種感覺。但是這種銷售法必須要建立在信任的基礎上，換句話說，銷售員要以眞誠、友好的態度和良好的業務素質博得顧客的信任，繼而從正面改變顧客的原有感覺。但絕不能以次充好、以無用的或不對路的商品代替實用的，消費者認可的商品，誤導消費者。類似這種情況經常發生，大的到空調、電視、冰箱，小的如面霜。只要看出顧客是眞的想買商品，那麼就要認眞對待，有貨賣給他們，當然最好不過。如果牌子不對，那就必須運用錯覺銷售法使消費者心理平衡，滿意而歸。本例中服務員利用錯覺銷售法，既成功地推銷了B面霜，又留住了顧客，還增加了顧客對商店的好印象，值得一試。

90.「您」字掛嘴邊，交易也多多

利用口語，找尋彼此之間的親合點。這是關係網中的第一步。正是這種公關策略，不知使多少商家獲得了頗豐的效益。

推銷技術豐富多樣，有的送貨上門，有的服務到家，有的總是把「您」掛在口邊，取悅討好你，讓你感到親切，進而買他的商品。總是把「您」掛在嘴上的推銷術，不僅是一種行之有效的辦法，而且縮短了商人與顧客的距離。

不論是哪一所小學，在新學期開始時，如果老師很快記住這些小孩子的名字，他們一定會很高興。因爲孩子們會想：老師這麼關心我們。同時，也能消除孩子的緊張繼而產生信賴感。教師受到學生信賴，才能提高教學效果。不只是小孩子，每個人都想得到他人的關心，因爲得到別人的關心時，總令人產生受到尊重之感。我們去拜訪一家公司，過幾天再去第二次的時候，如果有端茶出來的接待小姐也會產生好感，這種好感會使我們對該公司產生好的印象。記住了顧客的名字，使他感到被別人關心，這樣才能更好地推銷產品。在這類推銷活動中通常要用這樣一句話：「我們公司爲了您。」這是推銷產品的基本技巧。有些人雖然明知這是推銷員的術語，可是受到對方的尊重和關懷，人總會心情愉快的。有位賣戒指的老推銷員，他一看到老顧客上門就說：「您來得眞巧，剛好有最適合您的樣式。」隨即拿出一隻大小適當的戒指，套在顧客手指上，如果使顧客產生了「這是爲我準備的戒指」的感覺，自然會很高興，而且很樂意花錢買下。

推銷商品，與顧客交往，把「您」掛在口邊，不但對老顧客如此，對新來的客戶也不能例外。這是增進心理交流的、一種無代價的感情投資，值得提倡。但是應當眞心實意，切莫裝腔作勢，被人視爲假惺惺的「友善」。

91.「高帽」人人愛

怎樣才能使對方接受你或你的產品呢？答案就在「帽子」上。一個善於送「帽子」給別人的人，他的業績能不直線上升嗎？

有一位雜誌社編輯，他對說服那些作家很有一套。不論那些人如何繁忙，他也有辦法使那些人答應爲他寫稿。本來他的口才並不屬一流，但奇怪的是，那些作家在他面前都無法拒絕他的要求。

「當然我知道你很忙，就是因爲你很忙，我才無論如何請你幫個忙，那些過於空閒的作家寫出來的作品，總不見得會比你好。」

據他所說，這種說法從未失誤過。一般來說，當對方已有很充分的拒絕理由，想讓他接受你的請求是十分困難的。

如果你事先也知道他們會用這些理由來拒絕你而裹足不前的話，會更增加他拒絕的意念，於是氣氛就更加緊張，也不用說什麼說服了。但若能運用前述那位編輯先生的技巧，先給對方來個高帽子，會使他無法拒絕，也就是巧妙地使對方的「不」成爲「是」的一種技巧。

這種心理技巧最適合於用在化妝品的促銷上。當推銷員在拜訪一位顧客之前，他們心理早有被對方拒絕的準備。有些顧客可能說：

「你的東西我已經有了，現在暫時不需要。」來個婉言拒絕，此時你若處理不好的話可能會惹怒對方，如果你說：「你說得很對，況且你的皮膚一看就知道無需化妝也能保養得很好！」

聽到這句話，相信沒有一個女人是無動於衷的，接著你又說：「但是爲了防止日曬……」不待你說完，對方的錢包已經啓開了一半。

給別人戴高帽，說白了就是使用恭維性的語言，使對方產生一種優越感。有關心理學家指出，當一個人具有優越感時，較容易產生憐憫對方或他人的心理。這樣，就有可能做出對對方有利的舉動。

92. 妙語橫生生意來

妙語，是生動、優美的音符。何以招來生意呢？這是行情亦是營銷業的法寶。拋磚可以引玉，「拋語」難道就不能招「金」嗎？

這裡將要說的「走街串巷」是指某些小販，他們是背著包袱、挑著擔子，帶著少數的商品到處販賣的小生意人。也可以說是傳統的古老的「訪問推銷」。他們的售賣技巧也可以說是積累了數千年的經濟文化。

隨著社會和經濟發展，交通的便捷，這種小商販在整個商業大軍中所佔成分越來越少了。然而現代商業推銷只是改頭換面，也即推銷工具、形式有大的改變，而推銷內容卻是大同小異。

這裡介紹一位走街串巷的小販的推銷方式。

「有人在嗎？」她聲音嘹亮，熱情洋溢。還未等太太把門打開，她便推開了門。

「眞對不起，門一推就開了。」推銷婦人很大方地解釋道，隨即爽快地到屋裡，把包袱從肩上卸下來，簡直就像拜訪親戚似的。

「太太，我今天給您捎來了海帶，是海底野生的，不是人工養殖的！很好吃。」

話語之間讓人感到是曾經專門托她帶來似的，而事實上根本不是這麼回事。接著，她還從包袱裡拿出了花生、蠶豆、魷魚乾等等可以當下酒菜的東西擺在門廳的地板上。

「今天我只帶了兩包，第一包一下子就賣了，是不是？太太……」

她的言語充滿著自信心和說服力，讓你從感情上覺得不買就說不過去似的，只有買下來才能對得起她，又好像她與自己是好久未見的朋友。

這位推銷婦人從一開始就給人以一見如故之感，而且自始至終她都能控制著銷售氣氛和進程，不是很高明嗎？

從這位走街串巷的婦人推銷員的妙趣橫生、技巧絕倫的推銷事例可以給我們現代的新潮的推銷員一些很好的啓示：不要太客氣，要使顧客對你一見如故。過分客套反而拉開你與顧客間的距離。不要光顧說話，要把握時機來展示你的商品，讓他去聽、去看、去摸……把他的興趣很快變成慾望。

不要說「買不買？」，要像這位婦人的語氣：「我給您捎來了……」，「這不，現在就賣完了……」，言語間充滿了暗示和誘導。

不讓對方有機會說「不」，要從頭到尾控制著買賣的氣氛和進程，就像這位婦人似的。

93. 先繞個彎子

在推銷商品時，有時會遇到非常固執的顧客，作爲一個優秀的推銷員，不應立即放棄，而應想方設法說服他們。美國一位經銷《百科全書》公司的推銷員，在上門推銷一部兒童《百科辭典》時，碰上了一位非常固執的太太。她說什麼也不願掏錢爲孩子買一部《百科辭典》。現在摘錄的只是推銷員與這位太太的一小部分對話。

「我的孩子對書根本不感興趣，爲他花那麼多錢買一部《百科辭典》，還不是浪費嗎？」太太說道。

推銷員環顧了一下太太家中的陳設，說道：「太太，我敢擔保，您的這幢房子至少已有五十年以上的歷史了，可它至今仍這樣堅固，當初地基一定打得很好。要想孩子長大有出息，就得從小打下良好的基礎才行，而我們的《百科辭典》，正是爲孩子們打基礎用的。」

「我的孩子討厭讀書，請您不要逼我花冤枉錢吧！」

「我怎麼會逼您呢？」推銷員柔聲說道：「夫人，熱愛孩子，難道不是母親的天性嗎？如果您的孩子得了感冒，或四肢發育不良，您會對他不聞不問嗎？您一定早就帶他去醫院診治了，就是花再多的錢，您也是願意的，您說對嗎？」

「這又有什麼相干？」

推銷員這時臉色嚴肅起來：「怎麼不相干呢？感冒和四肢有病，這是身體的病。一個人頭腦也會得病，會得種種看不見的病。孩子的厭讀症就是其中的一種。我們的百科辭典正是醫治孩子厭讀症的良藥。您看，這兒的插圖多漂亮，故事多有趣！爲了醫治您孩子的厭讀症，您難道就不願意花這一點錢？您就願意讓他變成一個頭腦簡單、沒有出息的人？哪怕全當智力投資，您也該爲您的孩子買一部兒童《百科辭典》呀！」

「我眞服了你了，你眞會繞！」這位太太露出了笑臉，「每月的分期付款是多少？」她問道。

推銷員成功了。他在對方表示不願購買後沒有洩氣，也沒有直接說服。而是用了一個巧妙的比喻，把話題引開，最後又自然引到讓對方買書上，自然水到渠成。

94. 運用語言靈活推銷

既然有推銷術、行銷學，就說明了這其中是有許多技巧、方法，也有許多的規則可循，言爲心聲，語言上的重要性可想而知。

作爲推銷員，在推銷的語言上的功夫是不可或缺的，這是一門學問，非學不可。自己是推銷員，是銷售產品、商品的專職人員。顧客即是自己的上帝，如何接近他，給他以好感、信任感，如何將話題逐漸地引到自己要推銷的商品上是非常重要的。

萬事開頭難，談話也是如此，接近他是第一步。這就需要當對方談話時，做一個好的聽眾，給對方以好感，同時適時地、有技巧地肯定對方的言談，這樣談話可持續下去。對方津津樂道，你洗耳恭聽，關係自會隨著氣氛的和諧逐漸地好起來。

對方接受了你，也就爲能接受你的產品或商品鋪平了道路。下面這個例子就是一個成功的事實。

在雙方互換名片之後，推銷員也做了自我介紹，他是某建設銀行的職員，對方是大都市一個頗有名氣的美容師。雙方落座交談。

「哦，你是某銀行職員，這次來的目的，是不是又來勸我們爲你們多存些錢…你們這些銀行啊！」

「先生，您這家美容院在都市可眞響，我們知道您每天特別繁忙，打擾您，不好意思，眞抱歉。」

「我們雖然是都市較大，也是有些名氣的美容院，可到處都要用錢。現在在都市我們這個行業競爭也太激烈了，我們也正在挖空心思地進行創新、競爭，不論幹什麼，都用錢，哪裡還有錢存入銀行啊！」

「是啊！您說得眞對，沒錯！現在各項費用合起來，也是一筆很大的數目。」

「嗯，確實，爲了在競爭中立於不敗之地，我們到處聘請名師，調動職員的積極性，經常增加設備。市場嘛，也就是這個樣子。」

「看得出，您年輕有爲，怪不得名氣越來越響，報紙、電台到處都在宣傳。」

在談話中，推銷員還藉著他的表情、肢體語言、視線等來顯示自己正在認眞地聽、認眞地想，只有這樣，才使得談話順利而有效。最後也做成了一筆不大不小的生意。

上述的職員無疑是一個成功者，也許有的人會說：「他那叫什麼呀！奉承人，低三下四的，太圓滑。」

但是以對方的優點來肯定對方，是心理學的運用，而不是單純的「奉承」、「圓滑」。

一個推銷者，如能時刻「跟著」別人、善於洞察別人的心，運用語言巧妙應付，就有可能成功。這就是銷售的技巧，也是爲人之道。

95.繞開「不」字走

開始商談，無論哪一位推銷員都希望自己成為一名成功者，而不願去做一名失敗者。因此，我們都會本能地盡量避免使用帶有負面性或者說否定性含義的詞語。所以在商談時大家都會盡可能不使用引起對方戒備心理的話語，這樣才不致使商談失敗。

另一方面，人們的潛意識裡又常常有一種被害者意識，即老是懷疑自己是不是受到不利的對待，這種意識顯然是負面的。但通常這種意識並不表現爲明顯的對話，而是作爲一種恐懼、擔心、緊張不安的心情表現出來。有些模糊語言也多屬於自問自答的談話，這些談話往往自己都意識不到，而是下意識或類似本能地進行著，比如：

「或許他又不在家。」

「說不定又要遲到了。」

「利潤也許會降低。」

「這個月也許不能達到目標。」

「或許又要挨罵了。」

根據專家的統計，我們在一天裡使用這種否定性「潛台詞」的次數大約爲二百到三百多次。因此，這類的擔心是普遍的和正常的，重要的是在意識層面上戰勝、抑制住這種恐懼，不讓它表現在與客戶的商談上。但許多成績不好的推銷員往往做不到這一點，或者沒有自覺，只是下意識地去推銷，於是難免在商談中把自己的不自信、擔心和急切願望表露無遺。這種負面的意識傳遞給對方，往往會使客戶產生懷疑，以至於將心理封閉起來，使進一步的溝通變得困難，商談也就宣告失敗。常見的導致商談失敗的話語大致有下列幾種，推銷員應盡量避免使用。

導致商談失敗的用語：

「付款，請付款。」

「會發生損失。」

「做決定。讓他做決定。」

「簽約，請簽約。」

「令人擔心，您會擔心。」

「這樣會成爲您要支付的開支。」

「價格是……價錢是……」

「困難，這太困難了。」
「會失敗。」
「會失去，會喪失。」
「完了，完蛋了。」
「買，請買。」
「有責任，發生責任問題。」
「受到傷害。」
「有義務。」
「不良，惡化。」
「會成爲負擔，會負擔。」
「賣，被賣。」
「這樣的做法是怠慢的。」

設想客戶面對的推銷員老是說這類生硬的、令人喪氣的話，對他產生懷疑是自然的，甚至還會產生反感，與他繼續交談的興趣都會消失，更不要說購買的願望。這樣，成交的機會自然就少了。

96. 把自己裝成諧星

每個人無論在怎樣的環境中生活，都會經常碰到各種各樣的矛盾，有的甚至是相當棘手的難題，需要你去妥善處理。

我們的體驗是：不輕鬆的問題，可以用輕鬆的方式來解決；嚴肅之門可以用幽默的鑰匙來開啟。

有一位大學生思想很活躍，且詼諧幽默，他在當了推銷員之後，萌發出一個好主意。他有一次走進一家報館問：

「你們需要一名有才幹的編輯嗎？」

「不。」

「記者呢？」

「也不需要。」

「印刷廠如有缺額也行。」

「不，我們現在什麼空缺也沒有。」

「那你們一定需要這個東西。」

年輕的推銷員邊說邊從皮包裡取出一塊精美的牌子，上面寫著：「額滿，暫不僱人。」如此輕而易舉便促成推銷。

美國俄亥俄州的著名演說家海耶斯，三十年前還是一個初出茅廬、畏首畏尾的實習推銷員。一次，一個老練的推銷員帶著他到某地推銷收銀機。

這位推銷員並沒有電影明星推銷員那種堂堂相貌，他身材矮小、肥胖，充滿著幽默感。當他們走進一家小商店時，老闆粗聲粗氣地說：「我對收銀機沒有興趣。」這時，這位推銷員就倚靠在櫃台上，格格地笑了起來，彷彿他剛剛聽到了一個世界上最妙的笑話。店老闆直愣愣地瞧著他，不知所以然。

這位推銷員直起身子，微笑著道歉：「對不起，我忍不住要笑。你使我想起了另一家商店的老闆，他跟你一樣地說沒有興趣，後來卻成了我們熟識的主顧。」

而後這位老練的推銷員熱心地展示他的樣品，歷數其優點，每當老闆以比較緩和的語氣表示不感興趣時，他就笑哈哈地引出一段幽默的回想，又說某某老闆在表示不感興趣之後，結果還是買了一台新的收銀機。

旁邊的人都瞧著他們，海耶斯又窘又緊張，心想他們一定會被當做傻瓜一樣趕出去。可是說也奇怪，老闆的態度居然轉變了，想搞清楚這種收銀機是否眞有那麼好。不一會兒，他們就把一台收銀機搬進了商店，那位推銷員以行家的口吻向老闆說明了具體用法。結果這位推銷員運用幽默的力量取得了成功。

幽默能使你豁達超脫，使你生氣勃勃；幽默能使你具有影響力，使你打破僵局，擺脫困境。幽默是潤滑劑，也是成功者的稟性，所以一個優秀的推銷員必須富有幽默感。

97.頻見短談促銷法

作爲一名稱職的推銷員，在商場中推銷商品時，最重要的是不能讓顧客和用戶感到厭煩，一旦讓消費者厭煩了，再好的商品，人家也不會買賬的。因此，有人想出了極妙的辦法來，那就是頻見短談，增進瞭解，加深友誼。

美國著名殘疾兒童教育家羅蘭博士創造了羅蘭教育法，對幼兒文學教育很有啓發。在白紙上寫紅色大字「媽媽」、「爸爸」，在兒童面前閃一下，時間以十秒爲限。小孩以爲發生了什麼事，好奇地盯著看，於是又把字上上下下、左左右右地反覆給他看，漸漸地把文字縮小，並改成黑體字，小孩便在無形中學會了文字。

一家保險公司的一名老推銷員，利用同樣戰術，成績高人一等。爲了拉團體保險，推銷員都希望公司主管答應投保。但是，幾乎所有的上司都很忙，無法長時間交談。愚笨的推銷員一看見主管人員就纏著不放，侃侃而談，不管別人忙不忙。對方是看在面子上才同意見面的，這時已大生反感。但是這位老於世故的出色推銷員不同一般，很懂得把握時間，時間一到，就馬上離開，絕不逗留。如此重複幾次，彼此都很熟了，對方一見面就笑著說：「你眞熱心，又來了！」最後終於踐約答應了。

受女性歡迎的都是些勤快的男人，如果男方不考慮時間長短，一味囉嗦，喋喋不休，女孩子一定覺得很討厭。有的人認爲首次見面機會難得，反覆熱心說服，結果適得其反，不如縮短見面時間，造成下次見面的機會，把有些話題留在以後再談。

商場上的推銷術是多種多樣的。其中的奧秘不外乎抓住消費者和用戶的心理特徵，根據具體情況採取不同的攻心方法，頻見短談是每個推銷員都可取的一種戰術，既可以增進瞭解、加深友誼，亦可以完成推銷任務，眞可謂兩全其美。

98.常常讚美顧客是賺錢最佳手段

在商品推銷說明結束之前，如果想讓顧客購買你的商品，或是爲了讓顧客對你留有好印象，以便下次再順利向他推銷，你別忘了說一句：「你是我所遇見的最好的顧客。」這是非常重要的。它既會幫助你順利成交，也會幫助你捲土重來。

那麼，什麼時候說這句話，才是最恰當的好時機呢？

事實上，只要不在推銷說明結束後才說這話都是可以的，否則，就極易被顧客認爲你並不是眞心的，而只是在奉承他而已。

因此，你應該在進行推銷說明的過程中，找一個恰當的機會，說出這些話：「也許你會認爲我是爲求推銷而說，但我仍然要告訴你，不論你是否購買我的商品，對我來說，你是我所遇見的顧客中最好的一個。因此，我很樂意爲你效勞，你使我的工作變得輕鬆有趣，我感到自豪。」

這番話，會使他認爲你是一個誠實的人。而在說完這番話後，你可不必等顧客回答，就繼續進行你的商品說明。這樣一來，你所說的話將永遠留在顧客心中，久久不能忘懷。如果使話題突然中斷，反而會使效果大打折扣，因爲顧客聽了你的讚賞固然很高興，但你如果非要等待他對你的話進行反應，他反而會十分尷尬，不知如何是好，這樣，你這個妙計能不打折扣嗎？

99. 明星推銷員

紐約懷德汽車公司有個叫歐哈瑞的推銷員，開始，他一聽對方挑剔他推銷的汽車有毛病，立即就面紅耳赤地同人家爭起來。結果不但談不成生意，還經常讓人轟出門外。

後來他去請教著名的社會學家卡內基，卡內基便教會了他使用「先退後進」的謀略。當他聽到對方說：「什麼，懷德車？不好，我喜歡何塞牌車。」他不再馬上向對方發動進攻，而是和顏悅色地說：「老兄，你說得對，何塞的貨色的確不錯，名牌產品嘛！」

他這樣一退，對方就失去了原來的話題。別人已認同了你的話，你還說什麼呢？

這時，他再去介紹他的懷德汽車的優點，對方不僅不會加以反駁，而且會耐心地聽上一聽，這就使得他的宣傳獲得了易使人接受的條件。歐哈瑞終於成了明星推銷員。

100. 激將請將的促銷技巧

在商戰中，如果想使自己的產品賣出好價錢，知道對方是個心煩氣躁的人，用什麼方法最容易使人就範呢？

試看下面一段話：

「這個東西你不會買的，它太貴了！」

「算了，別看了，老半天還看不夠，沒帶錢就算了。」

「不是我小看你，你壓根兒就拿不出錢來買，我再降價，你也只是說說而已。」

以上的幾個方面，是賣方常用的激將法。在商戰，不妨用這種方法試試。

如果你想買別人的產品，則可用如下方法：

挑出瑕疵來否定商品的質量等級、挑剔對方的經營方式。

如果你要賣出自己的商品，應先掌握「怒而撓之」的激將法。一般說來，年紀輕的要比年紀大的易「怒」一些；見識少的要比見識多的易衝動些；越是講究衣著打扮的、好爭高比強的、地位較高、受人尊重的人越怕別人看不起；某種職業、某些人群在性格上具有某些共同的性格特徵。激將法在這些人身上會有不同的效應。

只要你掌握了「怒而撓之」的激將法，那無疑對你的推銷技巧或購買技巧將是莫大的幫助和補充。

這裡需要說明的是，這種方式在運用時應注意，因為稍有不慎，都將引起雙方的不愉快，反而與原意背道而馳。激怒對方的目的不是為了同他一決雌雄，而是為了爭取商戰勝利靠向你這邊，達到推銷或購買的價格目標。

因此，實施這種策略時，應注意以下三點：

（1）注意時機

最佳的時機在對方猶豫不決、情緒不穩時。不論是在產品推銷中還是在談判中均是。

（2）不搞人身攻擊

「激將」的目的是「請將」，而不是讓他和自己對陣，這一點在商戰中尤其重要。

（3）適時道歉

儘管「怒而撓之」法有許多說法，但有一點卻萬變不離其宗，始終是通過使對方亂心志，促成成交的。因此，要學會及時控制，以免造成不必要的損失。

101. 讓一步才能進三步

對於頑固的反對者，首先要承認自己意見上的「弱點」。如果在說服對方的時候，劈頭就說「你這樣做不對。」，對方一定會反感地說「不，我絕對沒有錯。」但是如果讓步地說：「也許我眞的也有錯。」

這時，對方的「彆扭心理」也許就會產生作用，他會說：「不，沒那回事，其實我也有錯。」

事實上，就連一些惟我獨尊、自信心特強的人也知道，如果說「你確實是不對的。」這樣的話，通常會使對方產生一種潛在的反感心理，而當對方有了這種心理時，就只好放棄說服他的念頭了。

在推銷競爭特別激烈的今天，推銷商品的推銷員能夠有很多的業績，是因爲這些推銷員都通曉「彆扭心理」，並且善於說此恭維的話。例如：推銷車子的推銷員會對客戶說，「很抱歉，我們的車子雖然會出現一些小毛病，有時也會出產有瑕疵的車子，這實在是非常遺憾的事，但我要告訴您的是，以後我們公司絕不允許有瑕疵的車子出廠，如果您發現所購買的車子有什麼毛病時，請不要客氣，可以如實地告訴我們，我會飛也似的過來爲您服務。」

當客戶聽到這些話時，心裡一定會想，真不愧是推銷高手，所說的話句句扣人心弦，正中下懷，於是「彆扭心理」就會蠢蠢欲動，他心裡會說「沒什麼!沒什麼!」

這個客戶就因此愈加喜歡這個推銷員了。如果這個推銷員再以稍帶情緒的方式表達：「這確實是我們的錯。」

如此一來，這個推銷員一定可以很成功地將車子推銷出去。也就是說，在說話時如能表示「事實上我們的觀念未必都是正確的。」就能使客戶的情緒穩定。

區分市場獲取認同感

102. 細分「狀元紅」市場

中國某酒廠生產的「狀元紅」，是已有三百年歷史的名酒，古方釀造，被列爲某省的優良產品，行銷全國，遠銷國際市場。

一九八一年，「狀元紅」以古老名酒的資格，再度進入上海市場。然而「狀元紅」並沒有旗開得勝，沒有「紅」起來，反而成了滯銷貨。

該酒廠於是與「狀元紅」在上海的特約經銷單位——黃浦區煙酒公司一起認眞研究，走訪調查了幾家酒店。聽酒店老闆介紹，青年是上海瓶酒最大的消費者，他們購買瓶酒的目的有兩個：第一是送禮，初次到戀人家做客，總要帶上幾瓶好酒孝敬長輩；第二是裝飾，佈置新房時，在玻璃櫃裡放幾瓶名酒，以顯其風雅。而中檔酒最暢銷。根據調查，該廠決定：以青年消費者爲目標市場；以「禮品酒」、「裝飾酒」爲主要銷售產品；以中檔價格爲定價策略。他們又在《解放日報》和《文匯報》上連續刊發文章，對「狀元紅」加以介紹。幾天之後，人們爭相購買，「狀元紅」終於在上海市場走俏。

此例說明，市場營銷的前期調查是非常重要的，它可以收集到公眾的態度、反應，獲取商品信息，以便有的放矢地制定營銷策略。

另外，還必須研究市場細分戰略。所謂市場細分，是以消費者需求爲立足點，依據消費者購買行爲的差異性，劃分出不同的消費者群體。

103. 李代桃僵的總統級酒

為中國商業門面的北京燕莎友誼商城的名酒專櫃裡赫然擺出總統級酒——齊民思。這種酒重量不過兩百克，身價卻是兩千一百八十八元人民幣。

而在同一名酒專櫃裡置放的漆盒包裝，內帶一只仿古青銅酒杯的五百克瓶裝茅台酒售價為五百五十元人民幣，精裝瀘州老窯每瓶標價一百一十元。上述茅台酒移身北京賽特購物中心賣價只略微提高至六百一十元人民幣，所不同的是標上了「三十七年陳裝」。

名不見經傳而敢於標出總統級酒的「齊民思」，為何價壓馳名的茅台酒？在燕莎細觀之下：酒具是由銀合金製作的一只酒壺、四只酒盅、一塊盤子組成，酒壺兩側墜有一對純金環，全套仿古雕龍繪花的酒具裝入由金黃絲綢和緞帶製作的原型仿古書內，貴氣十足。

據介紹，此酒出自山東壽光，那裡是《齊民要術》作者賈思勰的故里，這部書裡詳盡記載了北魏時期神酒的釀造工藝。於是，令人動了腦筋，研究所和大學的專家教授在兩年裡採用高科技手法多次發酵，用分子篩對酒進行過濾，方釀成此酒；而每套酒具要由一個工匠敲打十五天才能製成。據品嚐過此酒的人士說，這種酒是沾了高科技和人文歷史的光，其價高得離譜。

「燕莎」人士反覆強調說，目前國產高檔酒太少，今後酒越貴越好賣，如今國內外有錢人們不僅是品酒，而且買的是中國酒文化。「齊民思」四個月銷出近兩千瓶，據統計，除少數海外人士，多數買主是中國白領人士。這一現象表明：在總體消費水準提高的中國市場，以一兩萬元標價的法國人頭馬路易十三爲代表的高檔洋酒一統天下的局面今後將被分割，同時也預示著中國高檔酒市場正在出現。

當今中國大陸中、低檔酒滿市場都是，山東壽光「齊民思」能放棄成本相差不多、利潤很小、風險很大的低檔酒市場，轉而投向市場潛力巨大、利潤豐厚的高檔酒，這是「李代桃僵」的經商妙法。

104. 兔子就吃窩邊草

和田一夫的店面大多集中在靜風縣內和神奈川縣內，而且即使在神奈川縣內，也絕不到小田以東的地方，更不試圖進佔橫濱、川崎等大城市。

通常經營銷售方面的行業，在業績逐步成長之後，都會想打入像東京、大阪等大都市的市場。但是，和田卻不這樣做，因爲他十分清楚自己無法和大都市財力雄厚的企業競爭，如果貿然遠征，弱小的軍團是很容易被殲滅的。

所以，和田在自己的領域內，爲了贏得顧客的信賴，努力採取以地方性服務取勝的策略，亦就是店鋪盡量靠近批發中心，這樣才能確保食品的新鮮度，養分不至於流失，也才能充分發揮地方性連鎖店的特色。

和田一夫採取以地方服務取勝的經營方式，實際上也是「以逸待勞」謀略的一種應用。即使和田此後到國外開店，他依然採取這種謀略。比如在巴西開店前，先取得永久居留權簽證，消除與當地人之間的隔閡，在那兒工作的人大多是當地人或已歸化爲巴西的人，服務的店員並不是遠征軍，這給當地居民帶來一種親切感，自然也就獲得不少人心。

105. 因人而異促銷法

森永製果公司和明治製果公司是日本兩家最大的糖果公司，他們以前生產巧克力糖，全以兒童爲銷售對象。爲了開拓新的市場，擴大銷售範圍，森永製果公司推出以成年人爲對象的「高三冠」大塊巧克力糖片，每塊售價爲七十日圓。隨後，明治公司也先後推出了以「阿爾法」爲牌名的兩種大塊巧克力片，每塊定價分別爲六十日圓、四十日圓。然而，該公司採用促銷手段十分巧妙，他們針對顧客的不同年齡層次，制定出不同的價格和不同質量標準的巧克力，同時開拓了三個市場：向十二、三歲的初中生推銷的巧克力，每塊售價爲四十日圓；向十七、八歲高中生推銷的巧克力，每塊售價爲六十日圓；向成年人推銷的巧克力，則以盒包裝，便於饋贈之用，每盒售價爲一百日圓。

這樣，在激烈的市場競爭中，明治製果公司採用區分對象的方法佔了上風，擊敗了森永製果公司。

106.依據地情，多渠道銷售策略

戰爭是一場生死的較量，有運籌謀劃、優勝劣汰的問題，生產經營同樣也存在克「敵」制勝的謀略。經營者在競爭時應注意市場調查和預測，根據市場需求形勢的變化採取靈活的應變措施，把握市場競爭的主動權。

幾年前，瀋陽某自行車公司積壓了十多萬輛自行車，在這巨大的壓力下，公司一籌莫展。但是一位新的銷售經理上任後，只用不到兩個月的時間，就使這龐大的積壓庫存一銷而光。

他採用的策略是：在瀋陽市場上實行賒銷，在深圳市場上降階出售，在北京則大張旗鼓地開展銷會，爲產品鳴鑼開道。

瀋陽是該廠所在地，市場上自行車的需求並非達到飽和，只是顧客手中現金不夠充足，賒銷可以擴大需求；深圳是開放地區，顧客手中有錢，市場上自行車品牌多，競爭激烈，以降價爲競爭手段，可壓倒其他品牌，爲自己爭得市場；北京是各種名牌集中的地方，要使顧客注意到這較陌生的品牌，就得擴大宣傳，設法提高知名度。

針對不同市場採用不同的策略，統籌安排，瀋陽自行車公司獲得了成功，積壓的十多萬輛自行車終於全部銷向社會。

107. 專爲女士開的婦女兒童用品商場

這是女人的世界，它的服務對象都是女人。

太原市有一家只爲女士服務的商店，店門上赫然寫著：「謝絕男賓入內。」半年前開業的這家女士用品超級市場，專營女士服裝和各種婦女保健用品。數百坪的營業廳鋪著橘黃色的簇絨地毯。柔和的燈光、迷人的輕音樂，烘托出靜謐的家庭氣氛。一個個打扮入時的女士們在這裡隨心所欲地挑選試穿著衣服，直至滿意而歸。

這家商店的經營者王根福原是北城區飲食公司的副經理，某日，他在婦女兒童用品商場看見了這樣一個鏡頭：四位女士包圍著一個試衣服的姑娘，這激發了他的靈感，於是一個月後，一個「女子用品超級市場」便問世了。

當然，王根福不會把隨同而來的男同胞拒之門外，更不敢怠慢，而是設了個數十坪大的「休息室」，內設茶點、飲料、食品，由服務員招待。哪位女士需要男性同胞的參謀建議，便可來到休息室，請自己的丈夫或男友發表意見。

王根福認爲，青年婦女的購物慾望最強，她們的消費實力遠遠高於一般男子。因此，他們大膽地「逐」出男士，創造清一色的女子購物環境。

「如果僅僅把商店辦成超級試衣間，那我們就失業了。」商店經理王根福認爲，商店之所以成功，還因爲它滿足了青年婦女對服裝的三個基本要求：

第一是新，即款式要新穎；**第二是異**，即使最時髦的服裝也忌諱穿的人太多；**第三是廉**，即價格合適。這家商店的服裝全部來自中外合資廠或外商投資廠，十天半月就推出一種新款，而且同一款式、花色的服裝進貨量不超過一百件。

儘管這家商店不在鬧市區，但每個月的營業額都在四十萬元左右，比太原市同等規模服裝店的營業額高出許多。

108. 華府糕效應

什麼是「華府糕效應」？

請看這個例子：一位北方食品廠的經理，某日正乘火車沿京廣線南下，忽然聽到車廂裡人聲嘈雜，像在搶購什麼貨物似的。他擠上前去，原來是正在搶購他們廠生產的「華府糕」。

對於華府糕，許多購買者都稱讚其味好、質優，但稱讚聲中也夾著一些議論。一個買者說：「華府糕好，很適合兒童食用，可惜四兩一塊，太大了，兒童吃不了。」這位經理聽了這個顧客的議論後，馬上轉車北上回廠。不久，華府糕一兩裝規格上市了，誰也不會預料到，這麼一變使華府糕暢銷全國各省、市，銷量大增，爲該企業創下了巨大的利潤。

這就是市場營銷中的「華府糕效應」。爲什麼華府糕僅改改規格，就會出現這樣的銷售奇蹟呢？其實，「華府糕效應」就是市場營銷學中的市場細分問題。所謂市場細分就是企業根據消費者的不同性，把整個市場分割成兩個或更多個分市場，每個市場都是需要和慾望相同的消費者群組成，從而確定目標市場的過程。一個企業要成功的推銷自己的產品，首先就必須認識市場、研究市場和選擇目標市場，而市場細分剛好能「幫」上企業這個忙。

109. 小蠟燭以美取勝

在歐美國家裡，慶祝聖誕、婚禮、生日的時候，歐美人出於本身風俗習慣的需要，常需大量點蠟燭，以蠟燭的燭光來增添節日的氣氛。然而這種極普通、極簡單的蠟燭，在歐美國家的廠商眼裡簡直不屑一顧。

香港商人抓住這一市場的空檔，大量生產蠟燭，很快壟斷了全球的蠟燭市場。自七十年代以來，香港蠟燭一直爲全球之冠。別小看這種微不足道的小蠟燭，它卻每年爲香港創匯高達一億港幣呢。

節日景美情美，小蠟燭再添美意，這小商品何愁沒有大市場！

景美，情美，再添美元，豈不是「美人計」之妙用。

110. 麥當勞讓父母掏腰包

在麥當勞過生日，已經成了不少家長對待寶貝子女的「例行公事」。麥當勞不僅有專門爲兒童過生日的慶祝場所，而且還會爲壽星點上生日蠟燭。當小主人切開蛋糕時，「祝你生日快樂！」的歌聲馬上回盪在整個大廳裡，同時傳出「祝××小朋友生日快樂！」的廣播。經過訓練的麥當勞服務員親自爲小朋友主持生日慶典，她一面和藹可親的左右張羅，一面指揮在場的小朋友齊唱生日快樂歌。做父母的感受到周圍的人都分享到了自己的愉快時，對這家餐廳一定會產生特別的感情。

在麥當勞餐廳裡，還設立專供小朋友玩耍的場所，有服務員專門負責。想辦點事的大人，可以放心的把小孩「暫寄」於此，小朋友玩起來也興高采烈。

抓住少年兒童，就抓住了當今最大的消費群，因爲父母總是讓子女牽著走的。

111. 多種經營打開銷路

隨著經濟的發展，市場逐步開放，物價也逐步上漲。二十世紀八十年代中期，銀川火柴廠迫於激烈的競爭形勢和成本的提高，不得不將火柴每盒提高一分錢，從以前的兩分錢一盒調到三分錢一盒。雖然提價只有一分錢，但消費者卻非常敏感。因爲火柴是日常生活必需消費品，更何況兩分錢一盒的價格已經執行了幾十年，誰也不願出現變化。正在群眾意見紛紛時，其它火柴廠又推向市場一種小盒裝兩分錢一盒的火柴，雖然容量少些，但價格未變，消費者寧肯買兩分錢的小盒裝，也不願買三分錢的大盒裝。在這次提價中，銀川火柴廠只得自認失敗。

又過了幾年，隨著木材等市場價格的上漲，火柴成本也上漲了，三分錢一盒已經難以保本，銀川火柴廠又不得不對火柴提價。但鑒於上一次競爭的失敗，這次銀川火柴廠總結了教訓，想出了一個巧妙的辦法。廠子同時推出四種規格、四種價格的火柴：第一種小盒裝的，仍然沿用三分錢的價格；第二種中盒裝的，價格稍高，五分錢一盒；第三種大盒精裝的，八分錢；還有一種是超大盒精裝，一角五分錢。這次的提價，比上一次提價幅度高了許多，但相反，消費者並未有太大反應，市場穩定，銷售額也增加了。

銀川火柴廠以多種規格、多種價格替代原來的單一規格、單一價格，不但暗中提高了價格，而且還穩定了消費者的情緒，擴大了市場範圍，增加了經濟效益。

112. 從麥當勞到紅高粱

新近出現在北京的紅高粱速食店跟世界各地都能見到，出售漢堡和炸薯條的速食店很相似。店堂裡年輕服務員紅、白、黃三種顏色的著裝，讓大伙覺得它就是美國麥當勞快餐店在北京的翻版，就連店門外高高懸掛的一個很漂亮的英文字母，也跟到處可見的麥當勞「大拱門」標誌一樣。

不過，它們兩者的相似之處也就僅此而已。紅高粱不賣什麼「麥香堡」、「麥脆雞」，而是出售讓麥當勞創始人羅納德．麥當勞大皺眉頭的中國本地口味食品，並且在大陸取得令人矚目的成功。紅高粱店裡一碗碗的麵條，上面澆的是牛肉或羊肉，加上豆腐、香菜、香菇和其他十八種調味品混合而成，香噴噴的湯頭。紅高粱的特色羊肉麵易於消化、實惠，價格只及麥當勞「麥香堡」的一半。

紅高粱創始人、今年三十六歲的喬英說：「我們並不想打敗麥當勞，我們倒是應該向他們學習經驗。在如今全球化的時代，我們不應該把自己封閉起來。」

自從十幾年前美國的速食店麥當勞、肯德基和必勝客打入中國市場以來，大批的中國顧客就在他們的門前排起了長隊。這些速食店的成功引來了不少中國的競爭對手，其中就包括榮華雞和以美國加州命名，以便讓人聽起來有點洋味的加州牛肉麵店。幾乎所有的中國對手在菜單上跟美國快餐店毫不相關，而在經營方面卻大都照抄他們的快餐模式。這些中國快餐店在中國各地生意做得相當順利，到一九九五年底已有四百家，銷售點二十八萬個，營業額占中國人在飯店、飲食攤上所消費總額的二十五億美元總數的四分之。

但是，中國顧客愛吃家鄉味的情況並沒有使麥當勞放慢它在中國長征的步伐。自從打入中國以來，麥當勞至今已在中國各地開設了四十八個分店，並且還計劃在本世紀內再增加兩百個。中國人已經患上美國人再熟悉不過的所謂「不和諧進食症」。一位四十來歲的政府官員抱怨說：「我十二歲的女兒老是纏著我去吃麥當勞。我丈夫和我可並不喜歡，但我們還得每禮拜至少去吃一次。」

北京電視台曾經抽樣調查過一群孩子，問他們準備如何慶祝「六一」兒童節。結果是每五個孩子中就有四個說是要去麥當勞。

幸好，當喬英這樣的中國企業家耐心等待孩子們慢慢長成大人的時候，他們也密切地盯著麥當勞這樣的競爭者。譬如，喬英發現家長們總是先帶孩子去麥當勞給他們買漢堡，然後自己再到紅高粱來吃麵條。過去紅高粱不允許客人把外面的食物帶進店堂。自從發現這一情況後就很快地開了先例，允許人們把麥當勞帶進店堂來吃了。

緊挨著麥當勞的紅高粱王府井分店的主管王念生說：「跟麥當勞靠那麼近，我們眞有一種緊迫感。每天晚上，我總要讓經理和服務員們去那兒看看，學一點。」而這些經理和服務員也每每都有所心得。譬如現在紅高粱保證出售的麵條又熱又燙，就是從那裡學來的經驗。王說：「我們現在有規定，如果顧客的麵條放在桌上超過五分鐘沒有吃，我們就負責給免費換一碗新的。」

諸如此類富有創意的經營手法正在使紅高粱快餐店成爲西方快餐業強有力的競爭對手。北京一家市場調查公司最近對九家快餐店進行的一項抽樣調查發現，紅高粱是唯一一家可以跟必勝客、肯德基和麥當勞相匹敵，做到在高峰用餐時間內上座率百分之百的中國快餐店。一位二十一歲的紅高粱顧客說：「我特喜歡這兒的東西，價格也合理。中餐才是大伙每天都吃不膩的東西。」喬英宣稱：「紅高粱的優勢是在味道和營養價值上，西式快餐可能會造成肥胖症。」

喬英從未經營過飲食業。他於一九九四年以十二萬美元作資本開始經營紅高粱快餐店，至今已經擁有三千名員工和三十八家分店。他打算在今後的數年之內，通過在亞洲、澳大利亞和美國的開拓而把銷售點增加到一千個。既然在紐約和倫敦這樣的地方外賣中式快餐很受人青睞，喬英就有可能實現他創立全球第一家中式快餐連鎖店的夢想。他說：「這個夢想如果中國人自己不去實現，那就會像四大發明那樣，由西方人替代我們去實現。」他的這番話現在已經成了他的戰鬥誓言。

113.「古井」新貌

古井貢酒產於安徽亳州，當初，名氣並沒有現在這樣大。

一九八八年，當中國大陸相關部門決定放開名酒的價格，這對名氣有限的「古井」來說，既是一次難得的發展機會，也是一次嚴峻的考驗。「古井」深知自己的「身價」，他們派出眾多業務員，明察暗訪，摸清了同行們在新形勢下的新舉措。針對同行們都在「升價」的作法，「古井」反其道而行之——「降價」。

「古井」把傳統的六十五度古井貢酒降為五十五度，售價隨之下浮60%，這種「低度」和「低價」恰到好處地滿足了消費者的需要，適應了消費者的經濟承受能力，因此，銷售量大幅度上升。等到其他廠家仿效時，古井貢酒已贏得了廣泛的市場。

「古井」還大膽地實行「保值銷售」，即：商業部門在經銷古井貢酒時造成虧損，其虧損部分由古井貢酒廠承擔，古井貢酒廠當即兌現，一次性付出補償費用一百八十七萬元。商界見「古井」一諾千金，紛紛上門訂貨，古井貢酒銷售量有增無減。

如今，「古井」已穩穩坐住了「白酒王國」中的第三把交椅，名揚長城內外。

迂迴戰術解除心防

114. 峰迴路轉，穩定銷售

數學上有這樣一條定律：兩點之間直線最短。但《孫子兵法》卻說：「軍爭之難者，以迂爲直、以患爲利。」英國軍事家利德爾．哈特在他的《戰略論》一書中也這樣寫道：「在戰略上，最漫長的迂迴道路，常常是達到目的的最短途徑。」商場如戰場，「小魚釣大魚」賺錢法就與軍事上的迂迴戰術有異曲同工之妙。

在市場競爭中，企業經營者（尤其是中小企業經營者）難免受到各種因素制約，常常是欲速則不達，心急吃不了熱豆腐。與此相反，有些胸懷大略的企業經營者，爲了實現其目的，慣用以迂爲直、以小魚釣大魚的策略。

經營者前進的道路總是坎坷曲折的。在市場競爭中，有些企業經營者由於受資金、設備、人才、技術等客觀條件的限制，目的不可能一下子就達到。有些企業家白手起家時根本沒有本錢，但他卻能先用別人的錢建立起信譽，大獲成功。這就告訴我們，任何企業經營者欲沿著筆直的路線達到自己認定的目標都是不現實的，世界上也不存在一帆風順、一步達到輝煌頂點的企業經營者。經營的道路直中有曲、曲中有直，欲走捷徑，但往往卻走入絕境。而艱苦探索出來的道路，有時卻能比直路更能率先到達終點。這也說明企業經營者，確實需要在市場實戰中，採用迂迴戰術，尋找戰機，以迂求直，迂迴發展。

115. 免費留影巧銷售

明君有這樣一次經歷：明君同友人去日本四國有名的鳴門大橋遊覽。天公不作美，細雨連綿，明君等人一邊在小賣店前避雨，一面觀賞著秀麗的海邊景色。忽然不知是誰發現了小賣店有兩位身著日本和服的男女，仔細一看才知是人偶塑像，頭部是空的，遊人可以探進頭去照相。正當他們不知照一次相要多少錢而猶豫時，店主人走過來，和藹地說這偶像是屬於他們店的，不收任何費用，請客人隨便使用。明君等人高高興興地留了影。這時，只見店主人手端一個茶盤熱情地邀請幾位來客嘗嘗當地的特產——純金茶，同時，他還繪聲繪色地介紹起純金茶來。

由於主人慇勤待客再加上茶香及合理的價格，臨走時他們每人都買了一盒純金茶。這時才恍然大悟：這都是該店推銷產品的環節。

116.「阿凡提」的戰術

經商者推銷自己的產品時，應根據不同的情況，採用相應的、不同的推銷方法，才能使消費者接受。

新疆出產一種「阿凡提」瓜子，在當地久負盛名，因此，推銷它只需向國營店或個體戶搞批發業務就行了。然而，後來「阿凡提」瓜子的經營者揮師東征，欲讓「阿凡提」打入上海市場，採用老辦法卻碰了壁。原來，上海是「傻子」瓜子的天下。別的品牌休想輕易插足此間。爲了打開銷路，「阿凡提」的經營者想出了新的推銷方法。他們把裝瓜子用的紙袋免費送給零售單位，廣做宣傳；對經營單位免費送貨；在價格上實行薄利多銷，還可推遲結算貨款，方便經銷者。由於採用了這種適宜於當地的推銷方法，「阿凡提」瓜子很快就擠佔了上海市場。

「阿凡提」瓜子正是通過迂迴戰術而不是從正面與之相對抗的方法，又打出一片大市場。

117. 以虛擊實，防不勝防

古人說「虛虛實實，眞眞假假」，「玄之又玄，信不可測」，今人在商戰中不可不防。大家應該反對那種無中生有、以假亂眞的「欺詐之術」，但卻不能不學會以實擊虛、將計就計的「防詐之法」。市場競爭中，虛則實之、實則虛之，虛而虛之及實而實之等虛實並用之計爲商家廣爲使用，必須有很強的識別能力，並將計就計，謹防上當。

例如日本的汽車製造商早就想打入美國商場，苦於找不到機會，而美國則以「汽車王國」自居，對日本採取蔑視的態度。在西方國家石油危機剛剛開始時，日本汽車企業把握了油價上漲這一信息，著手設計和生產節油的小型汽車，並迅速打入美國市場，而美國汽車企業則認爲美國人還是喜歡豪華大型車，日本的這種汽車決不會在美國市場立足，結果日本小型車大面積地佔領了美國市場（一九八五年佔了四分之一）。

118.「傻瓜」照相機「零」利潤銷售

美國柯達公司是攝影器材業的先驅，其所生產的照相機、相紙、膠卷及沖印服務，一度居世界之首。但是，在專業的領域內，柯達公司眞正傲視群雄是膠卷和相紙。不過，即使是膠卷，相紙和沖印，柯達公司也遭到過強烈的挑戰和競爭。日本的富士、櫻花等名牌也積極開拓市場，而且以較低的價格爭取市場佔有率，因此，近年來柯達的聲譽已不如往昔。一九八四年洛杉磯奧運會由美國主辦，但一切攝影有關的器材，均採用日本富士的產品，即可見一斑。

柯達早年爲擴大膠卷沖印和相紙的市場，曾經使出一招「拋磚引玉」的計策，即發展出以簡單易操作爲原則的「立即自動」照相機。該機的特色是構造簡單，使用方便，且無須測光對焦，只要對準攝影的目標按下快門，就完成照相的動作，是任何不懂照相原理的人都可使用的產品；因此有人稱之爲「傻瓜用的照相機」。

這種「傻瓜用的照相機」，據說柯達公司是投入龐大的研究費用才開發成功的，照理它的售價應高於一般照相機，然而，這種照相機上市之後，卻以出人意料的低價銷售。

考慮眞正的目的，乃在於借便宜簡易的照相機爲先鋒，增加使用照相機的顧客，以便於擴大相紙和膠卷的市場開拓。照相機的銷售可能是沒有利潤，甚至虧本，但卻可由相紙和膠卷方面獲得更大的利潤。

119. 扮個可愛的小天使

銷售其實也就是在推銷自己。這種推銷，就是要在眾目睽睽的舞台上發揮自如，博取每一個人的好感。然而誰也不能確切地告訴你討人喜歡是怎麼回事。不過，那些討人喜歡者所稟賦的某些品質卻是可以解釋清楚的。

我們可以列出許多條來：樂觀豁達，充滿自信、得體的風度，幽默的談吐，熟諳交際，笑以待人……用以說明只有這樣，才能討人喜歡。

有位住在美國費城名叫勒佛的人，幾年來一直想向當地的一家規模宏大的連鎖商店推銷煤炭，可是，對方偏偏不向他訂購，卻找距離很遠的郊區工廠購進煤炭。

當滿載著煤炭的卡車經過勒佛的公司門前，向那家連鎖商店駛進時，勒佛的肺都要氣炸了，恨自己無能。雖然他又氣又惱卻一直未打消向那家連鎖商店推銷煤炭的念頭。

一天，他決定改變以往的做法，再次走進那家連鎖商店。

「今天，我來這兒並不是向您推銷煤炭，而是想拜託您一件事。我們講習會出了個題目：『連鎖商店的普遍化對國家是否有害？』要就此進行辯論。我想請教您有關連鎖商店的問題，希望能在辯論中駁倒對方。除了您之外，我想不出比您更合適的人選了，所以專程來向您請教。我想您一定肯幫這個忙。」

結果如何呢？

他和這位負責人原來只約定打擾兩分鐘，結果卻談了一小時又四十七分鐘，從開始經營連鎖商店說起，一直談到目前的經營狀況，且一再強調連鎖商店對全人類有重大的貢獻，對他自己的工作也充滿了信心。這樣勒佛對商店也有了全面的新的認識，也改變了以往的偏見。

談話結束，勒佛起身告辭，這位負責人一隻手搭在他的肩上，笑容滿面地送勒佛到門口，還一邊說要爲他祈禱，祝他在辯論中贏得勝利。最後又叮囑說一定要把辯論的結果告訴他。

當勒佛正要離開時，他又在勒佛身後說了一句：「春季開始時，你再來找我，我想買煤炭。」

這奇怪嗎？不，這是一個奇跡。

勒佛先生並沒有向他推銷煤炭，可他卻自動要求。而勒佛先生花了數年的心血，用盡了各種推銷術，卻仍是「瞎子點燈」。而這次勒佛先生只不過對他所關心的問題，也懷著同樣的關心，花了不到兩小時的時間卻辦成了他幾年來都未能辦成的事情。

只要我們能站在對方的立場上，瞭解對方的心情，使顧客能夠喜歡我們，就不必擔心我們的欲求不能達到。

120. 曲線進攻

曾經有一位推銷員，得知一家公司急需自己銷售的商品，就專門去拜訪這家公司的老闆，但老闆固執地認爲他很狡猾，不願見他。

這樣吃了幾次閉門羹之後，這位推銷員也有點洩氣了。有一次在偶然的機會聽公司的員工講，老闆的兒子愛好集郵，老闆在幫小兒子集郵的過程中也養成了這一嗜好。得知這一個消息，這個推銷員精神大振，急忙通過自己的關係搞到幾枚具有紀念意義的郵票並打電話告訴老闆，讓他共同鑒賞。老闆一聽，馬上約了他。二人在郵票方面談得很投機，後來推銷員話鋒又轉到業務上來，老闆二話沒說，第二天就讓他到公司來辦理訂購合約。對郵票的愛好，起到了促銷的作用，之前推銷員眞是做夢也沒有想到。

其實，這就是曲線進攻帶來的成效。當對一個目標的直接進攻失敗時，不妨退一步想一想，不要累死在一條路上，撞倒在一面牆上，應繞道而行。

在你追求的過程中，當某一位關鍵人物成爲你成功的阻礙，而你無法說服他時，你可以從他身邊的人或事著手，使他順其自然地接受你。

121.「襯托銷售」擠入市場

當你開發出一種新產品，卻無力擠入已被同類產品壟斷的市場，怎麼辦呢？怎樣讓顧客認識你的產品，體會它的「新」和「好」呢？你似乎連機會也沒有，一番創新也白努力了。

別慌，這裡給你介紹一種「襯托銷售法」，利用別家同類產品的影響和知名度，使你的產品有機會進入顧客的視線，並調動他們試一試的慾望。既然試了，你的「新」產品就不愁打不開銷路了，最起碼是爭取到機會了。

魅力公司的老闆高原慶一郎原是愛媛縣一家特殊紙製品公司的職員，一九四七年初，他注意到百貨店裡婦女專用的衛生用品需求量非常大，而且在當時的日本市場和國際市場上，一種名叫安妮的衛生系列用品十分暢銷，高原慶一郎覺得這一行業是很有發展前途的。

當時，安妮已經成爲婦女衛生用品的代名詞。「安妮的日子」就是指月經來潮的日子，「我要安妮」就是「我要買衛生用品」，這是差不多每一個婦女的共同語言。

安妮的廣告宣傳十分成功，它巧妙地抓住了婦女的羞怯心理，用商標名表示商品做到了極精的境界。它能在眼花繚亂的婦女衛生用品中一枝獨秀，除了它的質量之外，還有不可忽視的廣告作用。

高原慶一郎決心打破安妮的壟斷地位。他並沒有在安妮的暢銷和它在婦女中形成的定勢面前退縮。他想，憑什麼要讓安妮獨佔市場呢？我如果能開發出來一種質量比安妮更好的衛生用品，那一定也可以爭奪到一部分市場。高原慶一郎曾在特殊紙質製品公司工作多年，是棉紙製品的行家老手。經過對安妮產品的仔細研究分析，他發現它絕非十全十美，在柔軟性和吸水性方面還有待於改進提高，自己完全有能力做得更好。高原慶一郎經過反覆試驗，研製出一種比安妮更柔軟、更能吸收水分的衛生棉。

新產品開發出來了，怎樣才能把它推向市場，讓廣大的婦女知道它、接受它，這是十分困難的事。高原慶一郎認識到，還需要有效的促銷手段。自己資金微薄，不可能像實力雄厚，並已成爲名牌的安妮那樣不惜成本地大做廣告。

他決定在包裝上下功夫。他使用了乙烯樹脂薄膜作爲包裝材料，這種材料密封性能更好。他又請包裝設計專家爲產品設計了精美的圖案印在外包裝上，使它看起來比安妮更美觀和更衛生。高原慶一郎在行銷策略方面別出心裁，煞費苦心地想出了一種「襯托法」，就是把自己的衛生用品送到銷售安妮的商店去，請求商店容許它與安妮並排擺放在一起，不動聲色地利用了安妮的顯要位置。這樣一來，魅力在櫃台上顯得與安妮同樣醒目。

高原慶一郎的襯托法銷售策略收到了意想不到的效果。婦女到商店看見魅力衛生用品同安妮並列擺放，明白它也是一種衛生棉，而且被它精美的包裝所吸引。於是禁不住地讓售貨員拿來同安妮相比較。出於一種對新品牌的好奇心理，女士們紛紛購買魅力試用。經使用後，發現它一點不比安妮差，質量上有過之而無不及，以後更是要購買「魅力」了。這樣，魅力牌婦女衛生用品自從一九七四年推出後，銷量逐漸上升。高原慶一郎又經過幾年不斷地完善自己的產品，使魅力成爲名牌衛生用品，市場佔有率遠遠超過了安妮。

高原慶一郎的襯托法巧妙地利用同類名牌產品的知名度，襯托出自己產品的形象，收到了奇效。

122. 以二擇一的銷售術

這是以二擇一的銷售方法。

以二擇一法是將顧客視爲已經接受你的商品或服務來行動的。在這個前提下，你可以向顧客提出兩種選擇的問題，任顧客自由選擇。

在應用以二擇一的時候，常常是這樣說的：

「先生，您喜歡黃色的那一件，還是喜歡藍色的那一件呢？」

「小姐，您看這兩種護膚霜都是獲獎新產品，不知您更喜歡哪一種，是『佳麗』還是『大寶』？」

「您看什麼時候給您送貨最恰當？是今天下午，還是明天上午呢？」

這樣的話，有一種調動抵制情緒的心理催眠效應。顧客往往自然而然地擇取其一。

形象包裝

123. 搖身一變，山雞變鳳凰

浙西常山縣生產一種名爲「胡柚」的水果，被當地居民精心打扮「美容」過後，如今成了風靡大江南北的珍品，爲常山縣農民帶來上千萬元的收益。

胡柚是一種開奇花長異果的果樹，是柚子與柑類植物雜交而成，世界少有。主要生長在浙西常山縣青石鄉，果實營養豐富、風味獨特。不過，貨好還得有人識。常山縣及時組建了常山胡柚集團，負責胡柚的營銷、加工及基地示範等。胡柚集團請專家對胡柚的成分作鑒定，發現其氨基酸和維生素等的含量，爲柚類水果之冠，具有極高的保健和藥理功能。

集團總經理幾次上北京南下廣州，向各地介紹胡柚的特點，讓更多的消費者認識它。縣裡還把常山胡柚的宣傳錄像搬到了中國國際航空公司的飛機上。

同時，常山人投下巨額資金，從德國引進了幾台選果機，專門爲胡柚「美容」。在天馬鎮，記者看到一隻隻碩大的胡柚在選果機裡一邊翻滾著一邊被特殊的刷子清洗塵土。「洗過澡」的果子又被送入了自動打蠟機裡，噴蠟、風乾、分級。經過這一道道程序後，原來一隻隻灰不溜秋的果子變得一個個「容光煥發」了。

爲了保護常山胡柚這一獨特的品牌，常山胡柚集團特地到國家工商局註冊了「天子」牌商標。特級胡柚經過「美容」後均貼上「天子」小商標，然後裝進特製的紙盒銷售。常山胡柚經過打扮後，終於顯露了它的身價，一九九六年在上海市場，一公斤的鮮果賣到了十多元人民幣。

而近年，已有不少海外客商前來洽談外銷。常山這一「土果」開始漂洋過海了。

124. 鄉音一曲，買賣一宗

有一個叫徐商的中國人，在敘利亞最大的城市阿勒頗辦完公事，忽然想起要替友人買幾支手錶。他推開一家鐘表店的玻璃大門，未及開口，店員馬上起身相迎，店員問明來意立即賠笑道歉：「本人受雇只管修理業務，店主有要事外出，片刻即回，請稍等候。」言畢，走進櫃台，在錄音機裡放入一盒磁帶，喇叭裡隨即傳出一支支優雅悅耳的中文歌曲。徐商本想告辭，忽然在異國店鋪裡聽到鄉音，不覺駐足諦聽起來。半小時後，主人歸來，很快地購買了所需的錶。

一曲鄉音一宗買賣，令人叫絕。

該店常有外國顧客光顧，他們身居敘利亞難免思念故土親人，因此備有一些國家的名曲，可隨時根據情況提供給客商欣賞。在這種異國聽鄉音的氣氛下，生意就好做多了。

125. 巧於包裝

少年時代的格芬是個窮光蛋，靠母親開小加工商店定做胸衣為生。因為環境的緣故，格芬從小就對生意上的事情有了相當瞭解。而且他立下志向，一定要依靠自己的智慧與冒險精神，赤手空拳幹出一番事業來。

輾轉奔波幾年，格芬積累了豐富的經驗和商場技巧。他發現在唱片業發展有利可圖，但苦於囊中羞澀，如何是好呢？於是他便終日混跡於娛樂圈中，尋找突破口。一個偶然的機會，他認識了民歌手羅拉尼洛。

在此之前，羅拉尼洛的歌喉已頗受歡迎，但台風極差，上不了台面；因此，她的歌唱事業並不如意。格芬看準了這一弱點，決計加以利用。於是，格芬便主動邀請羅拉尼洛合作，共創金槍魚音樂公司。條件是這樣的：羅拉尼洛的歌曲版權歸公司所有，公司負責為羅拉尼洛包裝和推銷。

簽好合作協議之後，他將羅拉尼洛的歌曲夾在諸如芭芭拉．史翠珊等當代大紅大紫的歌星的唱片中，製作後四處推銷，這樣，大大提高了羅拉尼洛的身價。光這一手，格芬便賺得了大錢。

一九六九年，格芬決定將金槍魚音樂公司賣掉，得到現金四百五十萬美元，他與羅拉尼洛各得兩百二十五萬美元。

手頭寬裕後格芬再接再厲，以求更上一層樓。他成立了唱片公司，包裝了一批歌手，利用媒體製造轟動效應，歌手們迅速大紅大紫。捧紅了幾批歌星之後，格芬在一九七二年決定將公司賣給華納通信公司，要價七百萬美元。之後，他離開了唱片界一段時間。

一九八〇年，格芬捲土重來，創辦了格芬唱片公司。成立之後，唱片公司屢遭挫折。直到一九九〇年，終於時來運轉，他手下的「槍與玫瑰」樂隊走紅，格芬唱片公司頓時身價百倍，成爲一家獨立的大唱片公司。

人是「三分靠相貌，七分靠打扮」，恰如其分的包裝，使醜小鴨變成白天鵝，格芬正是借包裝突出重圍，闖出一片天地。格芬從事歌星包裝業之所以能夠成功，原因是多方面的，但在操作策略上，主要有以下方面：其一，格芬對消費者的需求十分熟稔，他能根據消費者的動向作出判斷，做出極富有創意的決策；其二，格芬工作方法科學，他知道如何鼓勵員工忠誠地爲他服務；其三，格芬能充分利用所在的環境，他能適應好萊塢的生活，摸透了好萊塢的節奏，充分發揮了它的價值。以上策略都是格芬的獨到之處，值得那些沒有本錢卻想發大財的人好好借鑒。

126. 妙用新衣打破局面

在商品的經營活動中蘊藏著許多色彩的學問。如果我們不遵循色彩學的規律，不注重產品裝潢著色，有時即使是質優價廉的上等貨，也很難在市場上打開銷路。

廣州南郊有一家區辦五金廠，生產出來的小型馬達運抵香港試銷，雖然價格比同類產品低10%到15%，推銷人員又發動強大的廣告宣傳，介紹產品的性能，還進行現場破壞試驗，使盡全身解數，還是無人問津。一位香港同胞終於揭開了其中的奧秘：你那馬達都塗成瓦灰色，現在香港人的工作和生活環境都講究色彩的協調，花錢買個灰老鼠喪氣呀。廠領導聽後即電告工廠給馬達換色。半月後，一批色彩繽紛的馬達運抵香港，很快便脫手了。是色彩的恰當運用，使五金廠打破了馬達滯銷的局面。

127. 妙用「美人計」

傳統的「美人計」，大都不能逃離「美人」這個框框。電視廣告中有「3B」的說法，即三要素：Baby（嬰兒）、Beauty（美女）及Beast（動物），其中就包括「美人」。除了正統的「美人計」用法之外，還產生了一些「變種美人計」。

對於以男性消費者爲主要銷售對象的產品，如香煙、白酒，「美人計」的主要目的在於吸引男人。而現在許多產品，都是以女性消費者爲主要對象的，如化妝品、衛生巾，就不能這樣玩法了。否則你就是吃力不討好。對於她們，就要以高雅的方式來打動，來引導其需求。

二十年前，台灣民風純樸且保守。那時人們對「胸罩」一詞都諱莫如深。但德國「黛安芬」胸罩竟在此環境下，大膽「空降」台灣，成爲當地風俗的一次大挑戰。

在那個純眞的年代裡，不論是名門閨秀，還是小家碧玉，要買一件「令人害羞」的「內衣」（其實是胸罩，由此可見當時消費者的心理狀態），一般要由媽媽陪著，到老師傅那兒量身，可以說是一件「極不好意思」的事情，可曾幾何時，「色膽包天」的黛安芬竟致函給社會上的士紳名媛，在大名鼎鼎的圓山飯店轟轟烈烈地舉辦了時裝展覽。會後不久，一向被認爲「不太好意思」的「內衣」，竟成了眾所追逐的時髦象徵。

隨著黛安芬「空降」給每個與會者一副帶著小降落傘的胸罩，黛安芬終於成爲街頭巷尾、茶餘飯後談笑的最佳素材。每個少女都以戴上「黛安芬」胸罩爲榮，從此女性胸罩在台灣不再神秘，她被黛安芬請出了神壇，走向了大眾。台灣人至今對她仍十分鍾愛。

對於大部分女人來說，風度翩翩、多情體貼的男士，是她們心中的白馬王子。阿諾・史瓦辛格、成龍、劉德華，無論是哪種類型的美，都在女人心中佔有比較大的市場。可見「美男」的威力比「美女」還要大，因爲男性在這方面可能比女性理智得多。那麼，能請動諸多女性的夢中情人來做廣告，效果也就很可觀。

對於女性來說，「美女計」也不是不可用。用得好，效果照樣明顯。渴望有張年輕漂亮、白嫩光潔的面孔，可以說是每個人的心願，特別是那些愛美之心猶爲強烈的女人們，當原來年輕的面孔變得黝黑、蒼老、粗糙，長出斑點、皺紋、疤痕之時，做夢都想有朝一日改換一下皮膚，重現舊日的美麗容顏。一九九三年，上海蒙華日用化工廠隆重推出新型化妝品蒙妮坦奇妙護膚霜，據該廠稱這種化妝品能迅速清除皮膚表面上的老化角質層，使粗糙的皮膚變得柔滑輕爽，晶瑩光滑，並請了兩位女性來比較對照。此舉頓時在全國引起轟動，商店門前排起了長龍般的隊伍，儘管每套售價高達六、七十元人民幣，仍然銷售一空。

Part 4
消費者心裡

消費者都有一種求異心理，特別是廣大青年人和女性，他們總想著標新立異引人注目，以此炫耀自己或招徠路人的目光…

追求獨特，要與眾不同

128. 福特產「野馬」發大財

消費者都有一種求異心理，特別是廣大青年人和女性，他們總想著標新立異引人注目，以此炫耀自己或招徠路人的目光。

美國福特汽車公司在一九六四年生產了一種名爲「野馬」的汽車，由於這種汽車前罩長、後面短，像運動車，迎合青年人愛好運動、尋求刺激的心理，第一年銷售量就達四十二萬輛，發了大財。

迎合消費者的心態是商人們一貫的經商方針，消費品多以服裝、用品爲主。一件好端端的衣服，刻意在肩上或胸前挖上幾個洞，買的人便多起來。有些商人在牛仔褲上大做文章，膝蓋、大腿剪一刀，沒幾天就風行全球。少男少女的消費心理是不穩定的，什麼東西時髦，就追求什麼，什麼東西奇特，就一哄而上，此時商人應抓住時機迎合消費者。

只要商家抓牢了顧客追求奇異的消費心理，就能讓消費者心甘情願的掏腰包。

129. 將寶石的價格抬高一倍

美國亞利桑那一家珠寶店採購到一批漂亮的綠寶石。由於此次採購數量很大，老闆很怕短期內銷不出去，影響資金周轉，便決定按慣用的方法，減價銷售，以達到薄利多銷的目的。但事與願違，原以爲會一搶而光的商品，好幾天過去，購買者卻寥寥無幾。老闆謎團重重，是不是價格定得過高，應該再降低一些？就在這時，外地有一筆生意急需老闆前去洽談，已來不及仔細研究那批貨該降多少，老闆臨行前只好匆匆寫了一張紙條留給店員：

「我走後綠寶石如仍銷售不暢，可按二分之一的價格賣掉。」由於著急，關鍵的字體二分之一沒有寫清楚，店員將其讀成「一至兩倍的價格」。店員們將綠寶石的價格先提高一倍，沒想到購買者越來越多；又將價格提高一倍，結果大出所料，寶石在幾天之內便被一搶而空。老闆從外地回來，見寶石銷售一空，一問價格，不由得大吃一驚，當知道原委後，店員、老闆同時開懷大笑，這可眞是歪打正著了。

這則事例啓示我們：定價策略中，低定價、薄利多銷是一種策略，但高價策略有時也是一種制勝策略，這要準確瞭解、把握消費者的心理。如男士西裝，若定位於中等以上收入的消費者，除了西裝質地、做工考究之外，定價適當訂高一點，讓消費者認爲產品為高檔貨，反而能刺激他們的購買慾。

這現象就像今天我們在中國國內市場上所看到的，一條「金利來」領帶，價格高達三百到四百元人民幣；一雙NIKE球鞋，也售價五百元左右；而一件皮爾．卡登西裝，更高達一千六百到兩千人民幣之譜。站在這猶如天文數字的價格面前，很多尋常百姓肯定會望而卻步，但在一些老闆、大戶、高消費族群及有獵奇偏好的消費者看來卻是小意思，他們當中很多人都是從頭到腳的名牌貨。就連許多財力不夠的年輕小伙子，也會「打腫臉充胖子」，硬要插一腳買上一件，雖有些肉痛，但也會給他們帶來快樂的感覺。他們要的就是奇貨，就是與眾不同的感覺。

物美價廉、薄利多銷，是一種有效的競爭手段，也符合一般消費者的普遍心理特點，但是高定價策略，也同樣會收到意想不到的效果。

130. 咖啡館老闆的利刃

東京濱松町一家咖啡館的老闆森元二郎是一位善於出奇制勝的勇敢老闆。爲了一鳴驚人、震動社會，達到招徠顧客、揚名天下的目的，森元二郎甘冒天下之大不韙，有意譁眾取寵，推出了五千日圓一杯的特高價咖啡。消息一出，果然舉國譁然，聞者無不爲之變色，甚至日本那些揮金如土的大富豪們也紛紛指責森元二郎的價格：「太離譜了！簡直是公開搶劫！」

然而，當今世界光怪陸離，即便是再荒唐無稽的生意，只要有人做，便會有人如飛蛾撲火一樣自投羅網。爲什麼？其實不過好奇心驅使。因此，東京消費者一邊「大罵」森元二郎「必定是個瘋子！」一邊又情不自禁的蜂擁而來，要品嚐一下五千日圓一杯的咖啡到底是什麼味道，以致森元二郎的咖啡館竟一時生意興隆得令服務小姐應接不暇。

不嘗不知道，一嘗又是嚇一跳！原來，森元二郎的鬼點子還眞多，雖然他的想法「譁眾」，但並非眞的占了顧客便宜：五千日圓一杯咖啡，實際上一點都不貴。原因是他的咖啡杯絕頂豪華而名貴，是世界一流的正宗法國進口杯，每隻杯子市場上就賣四千日圓，每位顧客享用咖啡之後，杯子便洗淨包好隨贈給顧客；而他的咖啡也是由著名技師現場烹煮，味道純正精美；廳堂裝潢豪華氣派，勝似皇宮，扮成如皇宮侍女的服務小姐，把顧客當作帝王一樣細心侍候。

如此這般，每位抱定豁出去吃虧一次心理而來的顧客都發現自己不僅沒有吃虧，而且享受了最有面子、最具身分的豪華優質服務，因而來店消費的顧客很快便喜歡這裡了，而且往往還要呼朋引伴再來光顧。

森元二郎的招數看似簡單，實際上是笑裡藏刀，有一舉三得之妙：一則多賣了咖啡；二則做了兩層生意兼賣了法國咖啡杯，同時使店裡的杯具常保嶄新，每次都用最光潔、最新、最衛生的咖啡杯招待顧客，給人以格外禮遇的絕對新鮮感；三則這些咖啡杯散發出去，都成了日本家庭擺飾的實物廣告，也使每位顧客都不自覺的成了爲他招徠顧客的活廣告。

131. 製造「透明感」

二十世紀九〇年代的日本，有一些人，特別是年輕人口，面對二十世紀末期而滋生一種對未來充滿「不透明感」的彷徨，這對商品競銷是很不利的。爲挽勢渡難，一些日本企業針對這種心態，競相推出使人爲之豁然開朗的「透明產品」——高透明度樹脂製成的「透明美學」系列自行車；內部機器清晰可見的透明手錶；透明包裝的纖維飲料等。至於女性用品，從睫毛膏、護膚膏、洗臉膏到上衣、裙子、服飾，都給予透明化。這股「透明風」頗得女性青睞，因爲穿戴這些透明物品，不僅給人一種輕鬆、涼快的飄逸感，還能增添一份女性的魅力。

132.「醜陋玩具」變「金」玩具

美國艾士隆公司董事長布希耐頓某次在郊外散步，偶然看到幾個小孩在玩一隻骯髒且異常醜陋的昆蟲，愛不釋手。

布希耐頓時聯想到：市面上銷售的玩具一般都是形象優美的，假若生產一些醜陋玩具，又將如何？於是，他著手讓自己的公司研製一套「醜陋玩具」，迅速向市場推出。

這一炮果然打響，「醜陋玩具」給艾士隆公司帶來了收益，使同行羨慕不已。於是「醜陋玩具」接踵而來，如「瘋球」就是在一串小球上面，印上許多醜陋不堪的面孔；橡皮做的「粗魯陋夫」，長著枯黃的頭髮、綠色的皮膚和一雙鼓脹而帶血絲的眼睛，眨眼時又會發出非常難聽的聲音。

這些醜陋玩具的售價超過正常玩具的售價，但一直暢銷不衰，而且在美國掀起了行銷「醜陋玩具」的熱潮。

這「醜陋」的靈感之所以獲得商業成功，爲艾士隆公司廣開財源，其根本原因就是抓住了兩種消費心理：追求新鮮和逆反心理。

133. 高檔商品暢銷

中國天津亨得利錶店曾進了一批「勞力士」瑞士名錶，每支售價一萬三千元人民幣。店方考慮到價格太昂貴，怕賣不出去，所以不敢大量進貨，只訂購一小批。誰知道，手錶擺上櫃台的當天，就被顧客搶購一空。

其實，只要分析一下顧客的購買心理，就可以知道高檔商品暢銷的祕密。

在購買過程中，顧客有年齡、性別、收入、所處環境和社會地位等方面的不同，因而呈現出來的購買心理也各不相同。有追求商品使用價值和使用效益的求實心理；有追求商品的時髦、新穎、奇特的求新心理；有追求商品價格便宜的求廉心理；有追求名牌商品的求名心理；有注意商品的欣賞價值和藝術價值的愛美心理；有希望購買過程簡便、迅速的求快心理等等，而每一種心理狀態都有可能導致購買行為。

昂貴的勞力士錶被搶購一空這個事例，在某種程度上就是顧客的求名心理和自我顯示心理發揮了作用。商家應該及時抓住消費者的各種心理狀態，從而獲取更大的利潤。

134. 使物「稀」，以求「貴」牌

每一位時裝設計師都明白這樣一個道理，即自己設計的精美服裝，一般來說在一個國家都不超過十件，而且不能在同一個城市的商店裡出售。究竟是什麼原因呢？其實答案很簡單，那就是物以稀爲貴。每件時裝差不多是十件，最多二十件，衣服那麼貴，穿在身上才會感到身份、地位充分的顯露。要是滿街人都穿上相同式樣的衣服，那麼就會覺得這種服裝太普通，其價值就會大跌。所以，人們都反映高檔時裝貴，人們承受不了，但知道了這一道理，就不會這樣想了。每件時裝的價值在於設計師的精心設計，其智慧的結晶需要高昂的代價。

文物、古玩的價格是高昂的，它的消費對象不是普通人，而是些大亨或達官貴人。梵谷的畫，價格驚人，一般的人能問津嗎？越少的東西越貴，擁有它，就得到了心理上的滿足。商人們深諳此道，對高檔時裝就不能成批生產，其他一些商品也盡可能限制生產，目的就是突出一個「稀」字。

一次，一個美國畫商看中了印度人帶來的三幅畫，印度人說要賣兩百五十美元，畫商嫌貴不同意，因爲當時一般畫的價格都在一百美元到一百五十美元之間，畫商怎麼願意多出那麼多錢呢？印度人被惹火了，怒氣沖沖的跑出去，把其中一幅燒了。畫商見到這麼好的畫燒了，甚感傷痛，問印度人剩下的兩幅畫賣多少錢？印度人還是要兩百五十美元，畫商又拒絕了，印度人又燒掉了其中的一幅。畫商只好乞求道：「可千萬別燒這最後一幅！」又問印度人願賣多少，印度人還要兩百五十美元。畫商出口道：「一幅畫與三幅畫能一樣價錢嗎？」印度人又把這幅畫的賣價提高到五百美元，最後竟然成交了。

事後，有人問印度人為什麼要燒掉兩幅畫，印度人說：「物以稀爲貴，再則，美國人喜歡收古董，珍藏字畫，只要他愛上這幅畫，豈肯輕意放掉，寧肯出高價也要收買珍藏，所以我要燒掉兩幅，留下一幅賣高價。」

在市場上常看到商人們利用「稀」字戰術，「某商品不可進貨，抓緊購買，最後一次機會，失去可惜。」、「某商品賣完爲止，今後不再生產。」等等，像一口警鐘，催人搶購，以刺激購買慾，每每都可得逞。這豈不是巧妙運用「釜底抽薪」的結果？

135. 買斷策略

同樣的資金，如果能用來經營稀有的商品，提高稀有商品價值，那麼就能多賺錢，使你原先投入的小額資金滾出更多的錢來。這大概就是說的物以稀爲貴吧！

在高級服飾的行業中，一家專門製造婦女針織品的公司的銷售量最大，其傳奇性的成長，營業額之高，令人刮目相看。他們只負責籌劃、設計，然後把服裝樣品交給廠商製造，再訂上本公司特有的商標，由專門一家婦女用品商店銷售。這似乎是一家靠創意賺錢的公司。

一位銷售心理學家曾訪問過這家公司的董事長：「你公司的生意爲什麼這麼好，賺這麼多的錢？」

董事長答道：「我也不知道爲什麼，好像在無意間就發展到這種程度。我們沒有工廠，只管籌劃、設計，由別人製造經銷。沒想到這些產品一推出，馬上受到婦女的歡迎並被搶購一空，不管生產多少，總是供不應求。不過，時裝界就有這種現象，的確不可思議……」

這位專家認爲，這家公司的成功，並不在於委託產銷的方式，而關鍵是一種「買斷策略」。他們不把商品放到各大百貨公司裡去賣，只有專門商店定點銷售，從而創造了商品的稀有價值。這麼一來，不到指定的點，就買不到他們的商品。當然，設計創意的優劣也是重要因素。將這兩條相加，便是他們的商品備受歡迎的原因。

人類永遠抗拒不了稀有物的吸引力，所以，提高稀有物價值，商品還會受歡迎，相應的可以賺更多的錢。

136. 寸土必爭的發財法

數以萬計的中國人爭先恐後的要成爲美國土地業主，在上海開賣當天，標價兩千一百八十八元的二千張美國土地證便被搶購一空，一些股票大戶也參與其中，把每張土地證抬到五千元，並揚言有多少要多少。一個月後，每張土地證已被爆炒到二萬多元。

而實際上，人們花了兩元錢買到的實際價值不過是一份精美的土地所有公證書，只可將其作爲一份涉外財產和一件難得珍品收藏、繼承、轉讓和饋贈。「自由進出」的當然只是你所擁有的這五十平方英吋土地，就像你可以自由進出你自己的家一樣，絕無自由進出國境的自由。

無論如何，這應當算是一次精明的經營活動：美國人事實上沒有「賣」掉一平方英吋的土地，但那六百二十四萬份土地所有權的價值，人們粗略算一下也就知道價值連城了。

四十七歲的史考特・摩格這項始於十年前的異想天開的活動取得了令人矚目的成功。

摩格在「發明」這項活動時說，這塊土地「屬於一種新奇品」，是「贈給一個已經無所不有人士的最佳禮物」。爲了這項「奇想」，並使這「奇想」符合所有的法律手續，這位前哥倫比亞電影公司副總裁兼市場拓展執行人已經花了幾十萬美元和十年的時間。不過對於三十七年前開始的那個夢想，以及在美國五十個州各買一英畝土地這樣浩大的工程來說，「空城計」唱到了這一步，也應當算是「巨大的成功」了。

占便宜心理

137. 免費供酒的經商謀略

在商業競爭上，經常花招百出。例如在餐飲行業，有的不收服務費，有的打折，還有免費供應啤酒的。

一九三四年，中國寧波河頭有一家鴻興飯店，這飯店原是鄞縣姜山人開的，剛開始生意並不好，賺不了多少錢。

老闆姜某爲這事很苦惱，後來他想了一個辦法，買通航船老大，讓他爲自己做義務宣傳員，說鴻興飯店出售紹興酒，價格比市場上便宜一半。鄉下人貪便宜，果然生意慢慢好起來，買酒的人多了，有的就坐在裡面吃飯。可是這辦法畢竟不是長久之計，酒從紹興運來，每遇缺酒時，吃飯的人就沒有了。於是姜老闆想了一個花招，只要旅客吃飯，每人供應一斤黃酒，是白送的，不會喝酒的人可以給別人喝，但不准帶回去。他的這一招果然靈驗，許多會喝酒的人都到他的飯店裡來吃飯了。

其實，羊毛出在羊身上，飯菜上姜老闆就顯得不那麼慷慨了，店裡盛的飯比別的店裡少一點，菜也比別的店貴一點，以此把一斤酒錢補回來。

從另一種意義上說，姜老闆是先給予後回收，給人一些甜頭，讓顧客大喝大吃，酒一下肚，什麼都好說，飯菜貴一些也無所謂。先投入後回收，這叫作捨不得老酒做不成生意，眞可謂用心良苦。

138. 埃德瘋狂大減價

加拿大有一位叫默維希的人，他整整經營了一條街的生意，有埃德商店、埃德批發店、埃德小吃店、埃德餐館等等，最大的特點是便宜。

二戰結束後，默維希看到百廢待興的情況，決定經營低價的舊貨商店。他在報紙上登的廣告是：「我們的店鋪像垃圾堆！我們的服務令人作嘔！我們的固定資金只是一堆破爛箱！但是，我們的價格是全市最低最低的！」顧客聞訊而至，紛紛登門。開始大家買便宜貨不好意思，總說是爲自己女僕來買東西的。後來習以爲常，大模大樣，爭相搶購。如今去埃德商店買東西已經成爲加拿大各大城市居民的一種賞心樂事。商店中午十一點開門，但一早就有人等候，裝有兩萬多隻燈泡的廣告牌光芒閃爍：「奧尼斯・埃德是馳名世界的廉價商店。」廣告牌下，顧客的長蛇陣熱鬧非凡。店門打開，顧客蜂擁而入，各種日用品減價部內物品堆積如山，從開罐工具到結婚禮服，無所不有，這些物品有些剛過時令，價格就比時令貨低一倍還多。

商店到處是標語：「埃德的破爛貨堆積如山，但是價格永遠便宜！」、「埃德的價格近乎荒唐可笑，但確實便宜、便宜、便宜。」店裡廣播的《埃德之歌》每節的末尾重複著：「奧尼斯特・埃德，瘋狂減價的埃德。」現在在加拿大，提起埃德商店，誰都知道是「瘋狂減價的埃德。」

默維希以他獨特的風格在商界獨樹一幟，他以大降價爲幌子，不露聲色「假癡不癲」，從中賺了數以萬計的利潤。

139. 賺錢的「賠本」買賣

「魚與熊掌不可兼得，捨魚而取熊掌乎」，這一名言想必大家都很熟悉。在生意場上，這也是一種頗有創意的經營方法。從做生意的角度講，就是捨棄一部分利益，而取得更多的利益。有時候，丟卒保車，捨魚而取熊掌非常有效。它使人們在得到小恩小惠的同時，把大筆利益讓給了生意人。

日本已故的松戶市市長松本清，曾經是一個頭腦靈活的生意人。他以開創「馬上辦服務中心」而名噪一時。他還擁有許多家連鎖的藥局。他將藥局的店名稱為「創意藥局」，顧名思義，他的經營手法是具有獨創性的。

松本先生曾將當時售價兩百元的膏藥，以八十元賣出。由於八十元的價格實在太便宜了，所以「創意藥局」生意興隆，門庭若市。由於他以不顧賠血本的方式銷售膏藥，所以雖然膏藥的銷售量越來越大，但赤字也越來越高。但是，整個藥局的經營卻出現了前所未有的盈餘。因為，前往購買膏藥的人幾乎都會順便買些其他藥品。這些藥品當然是有利可圖的。靠著其他藥品的利益，不但彌補了膏藥的虧損，同時也使「創意藥局」的生意做得有聲有色。

松本事業的成功，在於他能夠明確地掌握消費者貪便宜和順便購買的心理和習慣。

因爲他將膏藥賣得異常便宜，使人有了好感，所以顧客買了膏藥後，都順便買一些其他的藥品。

運用這種商法時需要對顧客的心理、習慣，對商品品種的配置等做出恰如其分的分析與安排。

140. 贈送刷子促銷法

爲了刺激市場需求，企業往往採用多種優惠手段吸引顧客。

美國立契蒙市有一家油漆店，生意做得並不理想，油漆商特利斯克爲了吸引顧客，推銷油漆，想出一個主意。

經過一番市場調查，他先確定了一批有可能成爲顧客的人，給五百個準顧客各郵寄了一把油漆刷子的木柄，同時寄去一封介紹商店的信，請顧客憑信到店中領取刷子的另一半—毛頭。結果呢？只有一百多人前來，雖然其中大部分除領走毛頭外，也買了油漆，但並沒有達到引來大批顧客的初衷。

效果雖然不太理想，但畢竟有一點成績。怎樣吸引更多的顧客前來呢？特利斯克想，油漆刷子的木柄扔掉並不可惜，它對顧客的吸引力也並不大，顧客爲此專門跑一趟未必值得。如果是一把完整的刷子，大部分人就不一定捨得扔掉了，而且如果想買油漆的話，當然會想到贈刷子的油漆店，如果我再稍微降價，來購買的人肯定會比從前多。於是，他改了一種方法。特利斯克給一千多個有可能成爲顧客的人郵寄了油漆刷子，同時也寄去一封有聲有色的信：

「朋友，您難道不願意油漆您的房子，讓貴宅換上新裝嗎？爲此，敝店特地贈送您一把油漆用的刷子。從今天起三個月內爲敝店特別優惠期，凡是手執信函前來敝店的顧客，油漆一律八折優惠。請別失去好機會。」

油漆店這一招拋磚引玉使許多人產生了好感，不久，有七百五十多人到商店來購買油漆，並且，他們還成爲特利斯克的老主顧，隨著越來越多的人的光顧，油漆店的生意也越來越興隆起來。

141. 小老鼠為老闆賺錢

一般地說，顧客在購物時的心理都是想佔點便宜。

美國一位叫詹姆斯．卡西．彭尼的老闆就是利用顧客的這種心理取得成功的。

彭尼開的是零售商店。這一年，美國的經濟衰退，大大小小的商店生意都不景氣。彭尼為扭轉商店的蕭條局面，招攬顧客，想出了一條妙計：彭尼在一塊膠合板上摳了大約五十個洞，每個小洞的旁邊分別寫上10％、20％、30％、40％等數字，然後把一隻隻玻璃瓶放在小洞後面，並將它們放在櫃台上。每當有顧客來購物時，彭尼就放出一隻小老鼠，小老鼠鑽入哪只玻璃瓶，就按哪個洞旁標明的百分比打折扣出售貨物，如果鑽入標明40％的那個小洞後的玻璃瓶，當然就要折價40％賣出本店的商品。

彭尼是個聰明人，他早已洞悉了小老鼠的生活習性：它們只喜歡呆在有同類的地方，當小老鼠在每個小洞前躊躇時，它們是在探尋是否有同類呆在裡面，彭尼早已把幾粒老鼠糞便放入了標有10％、20％小洞後的玻璃瓶中，小老鼠嗅到了同類的糞便味，認為裡面有同類，於是欣然而入。因此，顧客們只能買到折價10％或20％的貨物。而在當時的市場上，其他商店的貨物大多也折價10％或20％出售。

絡繹而來的顧客們並不知道這其中的奧秘，小小老鼠著實給彭尼增加了不少的收入。

142.「折扣」之謎

在這個用數字組合的促銷世界，囊括了多少經營者的拍案叫絕和多少消費者的滿意而歸。

打折，一種心理戰術的市場魔力。給了你和我同樣的和顏悅色。如果有時間到市場轉一轉，就會發現有些商店門口掛出這樣的牌子：「店內商品一律九折。」有的店則打八折、七折。到底有沒有打折另當別論，只是人們一看到牌子，總想進去瞧一瞧。因爲打折可以刺激消費，人們總是有一些圖便宜的心理。這也是比較常見的一種推銷術。

一九七三年七月，東京銀座的紳士西服店開始做一折的生意，使東京的人大爲吃驚。緊接著，次年東京的八重皮鞋店有六家商店也加入打一折銷售的行列。打七折、六折的大拍賣是常有的事，不會有人大驚小怪，然而打一折是前所未聞的。這種銷售法確實不能賺錢，但是它的意圖是在將來。

這種銷售法是：首先定出打折銷售的期限，第一天打九折，第二天打八折，第三天、第四天打七折，第五天、第六天打六折，第七天、第八天打五折，第九天、第十天打四折，第十一天、第十二天打三折，第十三天、第十四天打兩折，最後兩天打一折。

顧客只要在這打折銷售期間選定自己喜歡的日子去買就行，如果你想要以更便宜的價錢買，那麼你就在最後的那天去買就行了，但是你想買的東西不一定會留到最後那天。

據某西裝店的經驗，頭一天和第二天前來的客人並不多，來也只是看看就回去，第三天就開始有一群一群的客人光臨，打六折的第五天客人就像洪水湧過來開始搶購，以後就連日客人爆滿，當然把商品全部賣光是不用說了。

這種方法的妙處是能有效地抓住顧客的購買心理，任何人都希望在打兩折、一折的時候買他們所要的東西，然而你所要的東西並不能保證都會留到最後一天。因此，一般人並不會匆匆忙忙買下來。然而，等到打七折的時候，就開始焦躁起來，怕自己看中的東西被別人早一步買去，失去了大好機會。就這樣一般顧客就在打七折的時候把它買下來，頂多打六折的時候就會產生不能再等下去的心理。據一日本良好店鋪的經驗顯示，打六折時，顧客就會大量湧到並開始搶購，就反映了顧客的這種心理。實際上等打二至三折的時候，剩下來的東西都是有瑕疵或是有些不足的。

我們再來看賣方這一邊，該西裝店打一折銷售的商品平均起來，是以商品原來售價五折的價錢售出的。說起來，雖然這種買賣方式沒有利潤而有虧損，但是從存貨清理和宣傳角度看起來，可以說是大功告成。這種方法比「清理存貨大拍賣」的做法漂亮而有效。

打折銷售的商品，並不一定是一些走俏的搶手貨，但有些商店專門從事這項活動來激化大眾的購買慾。薄利多銷，利潤從總體上說並不低，而且通過這一活動使商店名聲大噪，爲將來的發展奠定基礎。

該西裝店打一折策劃的巧妙之處就是利用了群眾心理效應。人人都希望買最便宜的貨，但又都不能肯定自己有機會買最便宜的貨，與其讓別人買最便宜的貨，不如自己在貨物尚不是在最便宜的、但也是有利可圖的價位時買下，這樣一般貨物在六折時就會賣出去。這種做法與一般的打折出售並無區別，但卻收到了更好的宣傳效果。該西裝店巧用顧客心理進行策劃的做法不能不令人拍案叫絕。

話題氛圍等於購買慾望

143. 製造氛圍，供不應求

人都有一種心理：商品供貨越吃緊，購買者就越多；商品越充足，越無人問津。有些商人正是看準了這一現象，人為地製造緊張，達到促銷效果。

經營皮箱的法國路易．威登公司僅在巴黎和威尼斯各設一家商店，在國外的分店也只有二十三家。他們嚴格控制銷售量，人為地製造供不應求的緊張氣氛，即使客戶要貨量再大，也不予理會。有一名日本顧客八天上門十次，每次提出要買五十只手提箱，但銷售員聲稱庫存已告罄，每次只賣他兩只，這個公司通過這種「渾水摸魚戰術」獲得了銷售上的巨大成功。

另一方面，有家商店，起初把購進的二十多台某牌洗衣機全部拋到門市上，幾天內問津者不少，可僅售出一台。後來，他們參照國外的「匱乏戰術」，把大部分洗衣機搬到倉庫裡，門市上僅擺出幾台甚至一台（也掛上「樣品」的牌子之類），很快給消費者製造了一種「緊張」心理。一些本來猶豫不決的顧客購買慾望激增，結果二十台洗衣機不到三天就賣完了。

為什麼製造緊張的銷售法會如此成功呢？人們有一種心理，貨源充足，商店裡到處都可以買到，即時是很需要的商品也不願意立即去買回家。這是由於拖拉、等待、觀望、懶散的思想在作怪。反正商店裡有的是，今天沒有買，明天也來得及。另一種就是與之相反的念頭了，某商品現在貨源吃緊，聽說今後不可能再有了，或是今後要計劃限量供應了。一旦這消息傳播開來，不管是否需要這種商品，都會湧進商店，搶購一空。製造緊張氣氛，效果極佳，值得一試。

144. 洋娃娃暢銷迎合失意人

現代商戰只能是一種有準備的而不是盲目的較量，是按客觀規律行動，而不是隨意的行動。孫子先勝後戰的思想，在商戰中是十分重要的。

在商戰中，先勝，首先是思想準備，而後，也是極其重要的，是物質準備。

一九八三年，聖誕老人再度降臨世界的前夕，一架波音七四七飛機由香港飛越太平洋直達美國，這架飛機上滿載十萬個布製的洋娃娃。這些洋娃娃一到美國，便被搶購一空。這種洋娃娃的設計者是美國的一位二十八歲的青年羅伯斯。他爲什麼知道這些洋娃娃在美國會受到如此特殊的待遇？

首先，羅伯斯分析，在美國，因過分強調獨立，許多孩子脫離家庭，許多家庭生活變得寂寞而無樂趣。又由於很多生活在離婚家庭中的孩子，心理上感到孤寂無依，需要精神上的安慰。因此，這些成年人和孩子都一定會喜歡布娃娃。

同時，美國的廠商也對消費者的心態做了估計，認爲這種布娃娃一旦投放市場，必然會打開銷路。於是，美國廠商同羅伯斯取得聯繫把洋娃娃的布料在聖誕節前由美國運往香港，香港方面晝夜加班趕製，然後再空運至美國。

除了確立這種洋娃娃必然暢銷的想法，設計製造者為迎合人們的心理要求，在製作上大動腦筋。他們把布娃娃塑造成一種有生命的東西，稱這種「花椰菜洋娃娃」在實質上不是賣給人們，而是讓人們來「領養」。購買者要簽署「領養證」，保證好好的照顧她（他）。通過辦理領養手續，使買者對布娃娃產生一種親切感。

與此同時，設計者還抓住了消費者的不同心理需求，把玩具設計成極富「個性化」的東西，使每個洋娃娃都不重樣，並用電腦程序巧妙安排，產生出千萬種不同的組合，幾乎找不出兩個完全一樣的洋娃娃。

由於在銷售前，有這些巧妙的準備，這種布娃娃一投放市場，立即引起轟動。布娃娃的零售價竟高達一百五十美元，如有原設計者親手簽名的布娃娃，售價高達三千美元。儘管如此，仍供不應求，堪稱世界銷售史上的奇跡。

廠商的市場指向是「出售親情」，而暗的裡罵的是那些不負責任的父母，迎合了廣大消費者的心理，得以開拓了一個很廣闊的市場。這個發生在異國的事情，從商戰的角度來看，即是一「指桑罵槐」的典範例子。

145. 從背後推他一把

對於正在猶豫價錢是否合理，無法下決心購買的顧客，可以暗示他說：「錯過今天，明天就要漲價了。」

當然，「限定」的方法並不僅局限於時間，也可以運用在數量上。

例如，廣告上可以說：

「只送給前五十名的購買者。」

「只有購買現貨才能享受售後服務。」

「只限前三百輛可以打七折。」等等。

利用上述方法，可促使對方由猶豫轉變爲果斷。

「限量商品」也會使消費者產生不買就會吃虧的心理，但是，如果在其他地方也同樣可以買得到，那麼消費者會產生「還有」的意識，這會減少購買的意願。

所以，只要使消費者產生「只有一次」或「最後一次」的意識，就會有比別人佔了更多便宜的感覺。人類除了這些以外，還有另一種潛在的心理，就是需要的願望。

像最近高級手錶的銷售，都是採取少量、多樣的策略。採用限定生產量，每一個種類只生產一百個。因爲現在一些既便宜、性能又好的手錶衝擊市場，所以，要使消費者願意出高十倍甚至二十倍的價錢去買高級手錶，就必須使消費者有「珍貴」的感覺。

在汽車廣告詞中就有這麼一句：「產量限定兩萬輛。」只要是這種廣告宣傳，那麼，即使價錢非常昂貴的新車，也會有人去買。

有一首古老的歌「生命只有今天」，也是以「只有此」的限定方法，來促使對方消除迷惑，迅速、果斷地做出決定。

抵制情報過剩，促使人從迷惑中解脫出來，進而做出決定，必須要有「限定範圍」，幫他們除去「二選一」與「還有」的意識這種心理技巧。如果對方存有「還有更好的」的心理時，就要運用消除「還有更好」的技巧，使他從A和B中選擇其一。除此之外，還要運用第三個技巧，消除對方「還有」的意識，讓他徹底瞭解其實最適合的「只有這個」。

要做到這點，並不是只單純地限定時間，也可限定數量。

146. 曼谷酒吧的妙計

在繁華的泰國首都曼谷，有一間豪華的「酒吧」。酒吧的老闆為了吸引顧客，在門口放了一個巨型酒桶，外面寫著四個醒目的大字：不許偷看。

這四個字，使來來往往的過路行人十分好奇，偏偏都想看個究竟。哪知道，走進一看桶裡，卻發現桶裡別無他物，只是隱隱顯現的一排字：本店美酒與眾不同，請享用。但那清醇芳香的酒味，此刻卻已挑起了顧客的酒癮。不少人大叫「上當」之後，粲然一笑，便進店去試飲幾杯。其結果，這個「酒吧」的生意之興隆可想而知。

這位酒吧的老闆正是抓住了人們的好奇心理，巧妙的設置圈套，誘發路人的酒癮，從而使路人乖乖的成為酒吧的顧客，收到了意想不到的效果。

147. 洋娃娃改形象賺大錢

做生意必須順應當的的風俗民情，才能有市場，使產品打開銷路。

美國有家洋娃娃公司，製造了一種美麗迷人的洋娃娃，在美國可謂人見人愛，銷路眞是好得很。然而，這些洋娃娃被運到了德國以後，上門購買的顧客卻門可羅雀，無人問津，物架上落滿塵埃。

美國人大惑不解。經過市場調查，他們終於發現：原來這個金髮洋娃娃的神態和模樣，跟德國風塵女郎的打扮非常相似，使德國的女性很反感，因此費了很大的力氣也難以打開它的銷路。

公司決策層得知這一信息後，立即做出決定：根據德國人的審美情趣，將洋娃娃的形象作適當的調整。改變形象後的洋娃娃走向市場後，立即受到了德國人的歡迎，銷售也出現了旺期。

在消費對像上，應善於抓主要消費者群，針對他們的消費心理和需求改進產品的式樣和包裝，以吸引顧客。

148. 「欲擒故縱」的銷售法

人們對事物的態度，是事物越朦朧越會尋求其清晰的。

有一天，一個推銷員在溫斯波羅市兜售一種炊具。他敲了公園巡邏員安徒先生家的門，他的妻子開門請推銷員進去。

安徒太太對他說：「我先生和隔壁的B先生正在後院，他們不一定有興趣，不過，我和B太太願意看看你的炊具。」

推銷員則回答：「請你們的丈夫也到屋子裡來吧！我保證，他們也會喜歡我對產品的介紹。」

於是，兩位太太「硬逼」著他們的丈夫也進來了。

推銷員做了一次極其認眞的烹調表演。他用他所要推銷的那一套炊具用大火不加水地煮蘋果，然後又用安徒太太家的炊具以傳統方法加水煮，兩種不同方法煮成的蘋果區別如此明顯，給兩對夫婦留下深刻的印象。但是男人們顯然害怕他們會貿然買下什麼，因而裝做毫無興趣的樣子。

於是，推銷員洗淨炊具，包裝起來，放回到樣品盒裡，對兩對夫婦說：「嗯，多謝你們讓我做了這次表演，我實在希望能夠在今天向你們提供炊具，但我今天只帶樣品，也許你們將來才想買它吧。」

說著，推銷員起身準備離去。這時兩位先生都立刻表示對那套炊具感興趣，他們站了起來，想要知道什麼時候能買得到。

不過這推銷員卻語帶誠懇地向兩位男士說明，「兩位先生，實在抱歉，我今天確實只帶了樣品，而且什麼時候發貨，我也無法知道確切的日期。不過請你們放心，等能發貨時，我一定把你們的要求放在心裡。」

安徒先生堅持說：「呦，也許你會把我們忘了，誰知道呀？」

這時，推銷員感到時機已到，就自然而然地提到了定貨事宜。

推銷員：「也許為保險起見你們最好還是付定金先訂一套吧。一旦公司能發貨就給你們運來。不過這可能要等待一個月，甚至可能要兩個月。」

兩位丈夫趕緊掏口袋付下了定金。大約六個星期以後，商品到家。

人的天性似乎總是想要得到難以得到的東西。在這裡，推銷員只是利用了這個天性，運用了一點兒銷售心理學而已。

149. 由滯轉俏的「奧祕」

隨著市場消費的變化，商品由滯轉俏，商品由俏轉滯，十分正常。然而有些商人絞盡腦汁，盯住那些滯銷商品，以低價買進，通過精心策劃，再以高價售出。

一天，薩耶下班回家，看見桌上放著一塊布料，他知道是妻子買的，心裡很不高興。因爲這種布料自己的店裡都賣不出去，幹嘛還去買別人的呢？

妻子任性的說：「我高興嘛！這種衣料不算太好，但花式流行啊。」

薩耶叫起來了：「我的天！這種衣料去年上市以來，一直賣不出去，怎麼會流行起來呢？」

「賣布小販說的。」妻子坦白了，「今年的遊園會上，這種花式將會流行起來。」

妻子還告訴薩耶，在遊園會上，當地社交界最有名的貴婦瑞爾夫人和泰姬夫人都將穿這種花式的衣服，妻子還囑咐他不要把這個消息說出去。

原來，小販送了兩塊布料給瑞爾和泰姬夫人，不但在她們面前讚美，激發她們帶頭領導服裝新潮流，而且還請了當的最有名氣的時裝設計師爲她們裁製。

遊園那天，全場婦女中，只有那兩名貴婦及少數幾個女人穿著那種花色的衣服，薩耶太太也是其中之一，她因此出盡了風頭。遊園會結束時，許多婦女都得到一張通知單，上面寫著：「瑞爾夫人和泰姬夫人所穿的新衣料，本店有售。」

薩耶暗暗驚訝，他不得不佩服那小販的推銷手腕。

第二天，薩耶找到那家店舖，只見人群擁擠，都爭先恐後的搶購布料。等他走近一看，才知道這個店舖比他想像的更絕，店門前貼著一行大字：衣料售完，明日來新貨。那些購買者惟恐明天買不到，都在預先交錢。夥計們還不斷的說，這種法國衣料因原料有限，很難充分供應。薩耶知道這種布料進貨不多，並非因爲缺少原料，而是因爲銷路不好，沒有再繼續進口。看到這個小販如此巧妙的利用缺貨來吊顧客的胃口，薩耶從心裡折服。

小販的高明之處在於他故意製造緊張氣氛，變滯爲俏，從中漁利。

150. 火燒「希特勒」

第二次世界大戰期間，美國有家生產火柴的公司，利用人們仇恨希特勒的心理，在火柴盒上畫上了希特勒的漫畫像，將磷塗在人像的手臂上。這樣，每劃一次火柴就好像燃燒了希特勒一次，對於熱愛和平的人來說，似乎也解了心頭之恨。因此，當時這種火柴一推出，便成熱門貨，公司的生意也越做越大了。

火柴公司利用了萬人憎恨的希特勒，這種「指桑罵槐」的大眾化情緒自然會贏得消費者的青睞。

151. 以「色」取勝

馳名中外的麥當勞漢堡店採用鮮艷的紅色作招牌，而代表商店的形象——麥當勞的縮寫「M」，則統統用黃色。這是爲什麼呢？他們認爲，若以交通信號來看，紅色和黃色都是最明亮、最醒目的色彩。據調查，當地街頭的行人中，只有約25％的人是爲了到麥當勞吃漢堡才上街的，而其餘75％的人是有別的目的或隨意閒逛的。一般人上街都有看招牌的習慣，當看到紅色的店牌和黃色的店標時，首先給人一個「停止」的強刺激信號。「哦，原來這是麥當勞，聽說不錯，是不是也進去嘗一嘗味道……」於是就產生「睹色停步、聞名進店」的效果。此後，世界上有不少店家模仿麥當勞，將招牌漆成紅色或黃色，藉以招徠顧客。

要掌握好「色彩經營」法的竅門，除了準確搭配色彩，瞭解色彩在商業中的作用之外，還得明白色彩的各種象徵意義。例如，紅色往往代表著喜慶、吉祥、熱烈、美好，是一種非常鮮艷、突出的顏色，在包裝、裝潢、廣告等領域佔據著重要的位置。在中國，各種喜慶禮品及其包裝大多是紅色的。紅色的日用塑料製品始終保持著旺銷的勢頭。近年來，紅色的運動服、自行車、電飯鍋、吸塵器、化妝品及各種裝飾品日漸增多，迎合了現代人追求新、艷、美，更好地體現個性的要求。餐飲店的室內裝潢當然也少不了紅色，粉紅色、桔紅色、紫紅色最能激發人的食慾。

橙色表現光輝、溫暖、歡樂的情緒。櫥窗和店門的茶色玻璃上貼橙色紙字，是最好的配色組合之一。不少店家用橙色突出店名和商品名稱，無疑是聰明之舉。黃色是光明和希望的象徵，黃色又是金屬色彩，多用於表示財富和輝煌的效果，因爲它使人聯想到光燦燦的黃金。黃色是小店裝潢的理想色彩，在深咖啡色的鋁合金上嵌黃字，能達到較明晰的遠視效果。用柔和的淡黃色做店內裝飾，有溫暖如春、賓至如歸的感覺。

黑色顯得莊重、肅穆。西方大禮服，神父牧師的長袍都用黑色。黑色在過去象徵死亡、恐怖、陰森，表現寂寞、荒涼的場景。可現在大爲得寵，黑色被奉爲宇宙色，人們對之趨之若鶩。黑色的運動褲、黑裙、黑上衣、黑胸罩、黑襪子比比皆是，廣受歡迎。近年黑色潮流已擴展到食品上，例如，黑糖果、黑麵包、魚子醬、黑蘑菇、黑啤酒等等，都是人們搶購的物品。

此外，還有綠色、青色、白色等色彩，每一種色彩都有它特殊的作用和象徵意義。以「色」取利的色彩經營法在我們日常生活中屢見不鮮，可以借鑒。

152. 賺錢也要有魅力

在福州商業城狹窄的「女人街」上，有位戴頭盔的青年人騎著輛本田七百五十CC摩托快速行駛，給人留下「飄逸」的感覺。當這位青年人取下頭盔，路人不由得一怔，原來是位漂亮的小姐。

這位「摩托女郎」林小姐，是工藝品攤的女老闆。

她高中畢業後除了棉紡廠沒有一個單位要她，理由是招兩名女工不如招一名男工合算，因爲女人要懷孕、哺乳，又比男的早退休。

憑林小姐的美貌，假使要找一位闊爺做丈夫，過過花天酒地的生活，應該不是件難事。可林小姐生性好強，不甘心依附在別人身上做「寄生蟲」。於是，連攢帶借辦起了這個小攤，品嚐起做老闆的滋味。

她原先穿衣打扮比較馬虎，認爲過得去就行了，店舖開業頭一個月，顧客冷冷落落，令她百思不得其解。她店裡面的貨物比同類店便宜百分之五，服務態度又是笑臉相迎，主動熱情，爲啥招攬不到生意？

經過一段時間的觀察琢磨，她終於看出端倪。原來顧客見她的衣著和談吐都比較拘束，誤認爲她這個工藝品小攤的貨與她的審美觀相同，屬於「傳統古板」型，不夠新潮。爲了生意，林小姐學會了各種美容化妝術，穿上了袖如鳥翼的寬鬆衫，灑脫飄逸的阿拉伯褲，顧客滾雪球似的越增越多，她的生意也越來越紅火。現在她不但還清了借貸，自己的腰包也越來越鼓了。

這也就很現實地說明了一個問題：愛美之心，人皆有之。林小姐不經意間，其實就已經運用了「美人計」之策略，招攬了越來越多的顧客。

●CHOICE系列

入侵鹿耳門	280元	蒲公英與我一聽我說說畫	220元

●FORTH系列

印度流浪記一滌盡塵俗的心之旅	220元

●禮物書系列

印象花園 梵谷	160元	印象花園 莫內	160元
印象花園 高更	160元	印象花園 竇加	160元
印象花園 雷諾瓦	160元	印象花園 大衛	160元
印象花園 畢卡索	160元	印象花園 達文西	160元
印象花園 米開朗基羅	160元	印象花園 拉斐爾	160元
印象花園 林布蘭特	160元	印象花園 米勒	160元
絮語說相思 情有獨鍾	200元		

●工商管理系列

二十一世紀新工作浪潮	200元	化危機為轉機	200元
美術工作者設計生涯轉轉彎	200元	攝影工作者快門生涯轉轉彎	200元
企劃工作者動腦生涯轉轉彎	220元	電腦工作者滑鼠生涯轉轉彎	200元
打開視窗說亮話	200元	文字工作者撰錢生活轉轉彎	220元
挑戰極限	320元	30分鐘行動管理百科（九本盒裝套書）	799元
30分鐘教你自我腦內革命	110元	30分鐘教你樹立優質形象	110元
30分鐘教你錢多事少離家近	110元	30分鐘教你創造自我價值	110元
30分鐘教你Smart解決難題	110元	30分鐘教你如何激勵部屬	110元
30分鐘教你掌握優勢談判	110元	30分鐘教你如何快速致富	110元
30分鐘教你提昇溝通技巧	110元		

●精緻生活系列

女人窺心事	120元	另類費洛蒙	180元
花落	180元		

●CITY MALL系列

別懷疑！我就是馬克大夫	200元	愛情詭話	170元
唉呀！真尷尬	200元		

●親子教養系列

孩童完全自救寶盒（五書+五卡+四卷錄影帶）	3,490元（特價2,490元）
孩童完全自救手冊-這時候你該怎麼辦（合訂本）	299元
我家小孩愛看書一Happy學習easy go！	220元

●新觀念美語

NEC新觀念美語教室	12,450元（八本書+48卷卡帶）

您可以採用下列簡便的訂購方式：

◎請向全國鄰近之各大書局或上博客來網路書店選購。

◎劃撥訂購：請直接至郵局劃撥付款。

帳號：14050529

戶名：大都會文化事業有限公司

（請於劃撥單背面通訊欄註明欲購書名及數量）

●度小月系列

路邊攤賺大錢 1【搶錢篇】	280元	路邊攤賺大錢 2【奇蹟篇】	280元
路邊攤賺大錢 3【致富篇】	280元	路邊攤賺大錢 4【飾品配件篇】	280元
路邊攤賺大錢 5【清涼美食篇】	280元	路邊攤賺大錢 6【異國美食篇】	280元
路邊攤賺大錢 7【元氣早餐篇】	280元	路邊攤賺大錢 8【養生進補篇】	280元
路邊攤賺大錢 9【加盟篇】	280元	路邊攤賺大錢10【中部搶錢篇】	280元
路邊攤賺大錢11【賺翻篇】	280元		

●DIY系列

路邊攤美食DIY	220元	嚴選台灣小吃DIY	220元
路邊攤超人氣小吃DIY	220元	路邊攤紅不讓美食DIY	220元
路邊攤流行冰品DIY	220元		

●流行瘋系列

跟著偶像FUN韓假	260元	女人百分百一男人心中的最愛	180元
哈利波特魔法學院	160元	韓式愛美大作戰	240元
下一個偶像就是你	80元	芙蓉美人泡澡術	220元

●生活大師系列

魅力野溪溫泉大發見	260元	寵愛你的肌膚 ：從手工香皂開始	260元
遠離過敏：打造健康的居家環境	280元	這樣泡澡最健康一紓壓、排毒、瘦身三部曲	220元
台灣珍奇廟一發財開運祈福路	280元	兩岸用語快譯通	220元
舞動燭光一手工蠟燭的綺麗世界	280元		

●寵物當家系列

Smart養狗寶典	380元	Smart養貓寶典	380元
貓咪玩具魔法DIY：讓牠快樂起舞的55種方法	220元	愛犬造型魔法書：讓你的寶貝漂亮一下	260元
寶貝漂亮在你家一寵物流行精品DIY	220元	我的陽光・我的寶貝一寵物真情物語	220元
我家有隻麝香豬一養豬完全攻略	220元		

●人物誌系列

現代灰姑娘	199元	黛安娜傳	360元
船上的365天	360元	優雅與狂野一威廉王子	260元
走出城堡的王子	160元	殞逝的英格蘭玫瑰	260元
貝克漢與維多利亞一新皇族的真實人生	280元	幸運的孩子一布希王朝的真實故事	250元
瑪丹娜一流行天后的真實畫像	280元	紅塵歲月一三毛的生命戀歌	250元
風華再現一金庸傳	260元	俠骨柔情一古龍的今生今世	250元
她從海上來一張愛玲情愛傳奇	250元	從間諜到總統一普丁傳奇	250元

●心靈特區系列

每一片刻都是重生	220元	給大腦洗個澡	220元
成功方與圓一改變一生的處世智慧	220元		

●SUCCESS系列

七大狂銷戰略	220元	打造一整年的好業績一店面經營的72堂課	200元
超級記憶術一改變一生的學習方式	199元	管理的鋼盔一商戰存活與突圍的25個必勝錦囊	200元
搞什麼行銷			

●都會健康館系列

秋養生一二十四節氣養生經	220元	春養生一二十四節氣養生經	220元
夏養生一二十四節氣養生經	220元		

搞什麼行銷？

152個商戰關鍵報告

作　　者　劉　燁

發 行 人　林敬彬
主　　編　楊安瑜
編　　輯　蔡穎如
美術設計　陳家瑜
封面設計　陳家瑜

出　　版　大都會文化事業有限公司 行政院新聞局北市業字第89號
發　　行　大都會文化事業有限公司
110台北市基隆路一段432號4樓之9
讀者服務專線：(02)27235216
讀者服務傳真：(02)27235220
電子郵件信箱：metro@ms21.hinet.net
Metropolitan Culture Enterprise Co., Ltd.
4F-9, Double Hero Bldg., 432, Keelung Rd., Sec. 1,
Taipei 110, Taiwan
TEL:+886-2-2723-5216　FAX:+886-2-2723-5220
e-mail:metro@ms21.hinet.net
Web：www.metrobook.com.tw

郵政劃撥　14050529　大都會文化事業有限公司
出版日期　2005年4月初版一刷
定　　價　220元
I S B N　986-7651-35-9
書　　號　Sucess-005

大都會文化
大都會文化 METROPOLITAN CULTURE

國家圖書館預行編目資料

搞什麼行銷?：152個商戰關鍵報告 / 劉燁作 編著
------ -初版. -------臺北市：大都會文化，2005[民94]
面；公分-------
ISBN 986-7651-35-9(平裝)
1. 銷售 —個案研究

496.5　　94003207

搞什麼行銷？

152個商戰關鍵報告

北區郵政管理局
登記證北台字第9125號
免貼郵票

大都會文化事業有限公司
讀者服務部收

110 台北市基隆路一段432號4樓之9

寄回這張服務卡（免貼郵票）
您可以：
◎不定期收到最新出版訊息
◎參加各項回饋優惠活動

大都會文化 讀者服務卡

書號：SUCCESS005 搞什麼行銷 · 152個商戰關鍵報告

謝謝您選擇了這本書！期待您的支持與建議，讓我們能有更多聯繫與互動的機會。日後您將可不定期收到本公司的新書資訊及特惠活動訊息。

A.您在何時購得本書：_____年_____月_____日

B.您在何處購得本書：__________書店(便利超商、量販店)，位於__________(市、縣)

C.您從哪裡得知本書的消息：1.□書店 2.□報章雜誌 3.□電台活動 4.□網路資訊5.□書籤宣傳品等 6.□親友介紹 7.□書評 8.□其他__________

D.您購買本書的動機：（可複選）1.□對主題或內容感興趣 2.□工作需要 3.□生活需要 4.□自我進修 5.□內容為流行熱門話題 6.□其他__________

E.您最喜歡本書的（可複選）： 1.□內容題材 2.□字體大小 3.□翻譯文筆 4.□封面 5.□編排方式 6.□其它

F. 您認為本書的封面：1.□非常出色 2.□普通 3.□毫不起眼 4.□其他__________

G.您認為本書的編排：1.□非常出色 2.□普通 3.□毫不起眼 4.□其他__________

H.您通常以哪些方式購書：(可複選)1.□逛書店 2.□書展 3.□劃撥郵購 4.□團體訂購5.□網路購書 6.□其他__________

I. 您希望我們出版哪類書籍：（可複選）1.□旅遊 2.□流行文化3.□生活休閒 4.□美容保養 5.□散文小品 6.□科學新知 7.□藝術音樂 8.□致富理財 9.□工商企管10.□科幻推理 11.□史哲類 12.□勵志傳記 13.□電影小說 14.□語言學習（_____語）15.□幽默諧趣 16.□其他__________

J.您對本書(系)的建議：__________

K.您對本出版社的建議：__________

讀者小檔案

姓名：__________ 性別：□男 □女 生日：_____年_____月_____日

年齡：□20歲以下□21～30歲□31～40歲□41～50歲□51歲以上

職業：1.□學生 2.□軍公教 3.□大眾傳播 4.□ 服務業 5.□金融業 6.□製造業 7.□資訊業 8.□自由業 9.□家管 10.□退休 11.□其他 __________

學歷：□ 國小或以下 □ 國中 □ 高中／高職 □ 大學／大專 □ 研究所以上

通訊地址 __________

電話：（H）__________ （O）__________ 傳真：__________

行動電話：__________ E-Mail：__________